E. Heinrich (Enoch Heinrich) Kisch

Das klimakterische Alter der Frauen

in physiologischer und pathologischer Beziehung

E. Heinrich (Enoch Heinrich) Kisch

Das klimakterische Alter der Frauen
in physiologischer und pathologischer Beziehung

ISBN/EAN: 9783743323322

Hergestellt in Europa, USA, Kanada, Australien, Japan

Cover: Foto ©berggeist007 / pixelio.de

Manufactured and distributed by brebook publishing software
(www.brebook.com)

E. Heinrich (Enoch Heinrich) Kisch

Das klimakterische Alter der Frauen

DAS

KLIMAKTERISCHE ALTER

DER FRAUEN

IN

PHYSIOLOGISCHER UND PATHOLOGISCHER BEZIEHUNG.

————— ⊷⊗⊶ —————

EINE MONOGRAPHIE

VON

Dr. E. HEINRICH KISCH,

PRIVATDOCENT DER K. K. UNIVERSITÄT IN PRAG, DIRIGIRENDER HOSPITALS-
ARZT- UND BRUNNENARZT IN MARIENBAD.

ERLANGEN.

VERLAG VON FERDINAND ENKE.

1874.

Vorwort.

Das klimakterische Alter der Frauen und die demselben eigenthümlichen physiologischen und pathologischen Vorgänge sind ein Thema, dessen eingehende Erörterung man vergeblich selbst in den besten Spezialwerken der Gynäkologie suchen würde. Alle anderen Geschlechtsphasen des Weibes: die Pubertät, Conception, Schwangerschaft, Geburt und Wochenbett sind in den letzten Jahren zum Gegenstande physiologischer Forschung und pathologischer Untersuchung gemacht worden und über alle diese Phasen sind Detailarbeiten publicirt worden — nur die Epoche im Geschlechtsleben des Weibes, wo dessen Sexualthätigkeit erlischt, erfreut sich keiner solchen Berücksichtigung. Als ob das Alter, in welchem das Weib das Interesse der Gesellschaft verliert, auch kein gynäkologisches Interesse böte!

Aeltere Schriften behandeln allerdings diesen Gegenstand, jedoch meist nur in populärer, für Frauen der „Wechseljahre" berechneter Weise, um vor den Gefahren dieser Lebenszeit zu warnen. Die einzige mir bekannte neuere scientifische Behandlung dieses Themas, Tilt's „Change of life" hat wiederum die Grenzen zu weit gezogen und dadurch auch pathologische Ver-

hältnisse beschrieben, welche, eben blos Folgezustände des vorgeschrittenen Alters, beiden Geschlechtern gemeinsam sind.

Wenn ich nun, seit Jahren ein ziemlich zahlreiches Beobachtungsmaterial sammelnd, daran ging, das klimakterische Alter der Frauen monographisch zu bearbeiten und neben den
eigenen Beobachtungen und Untersuchungen die in der Literatur
ausserordentlich zerstreuten einschlägigen Mittheilungen zu einem
Ganzen zu vereinen, so war mein Streben vorzüglich dahin gerichtet, die Vorgänge des weiblichen Organismus zur klimakterischen Zeit näher zu erörtern, gewisse Gesetze, nach denen
dieselben vor sich gehen, festzustellen, und die krankhaften Zustände näher zu betrachten, welche mit jenen Vorgängen im
causalen Zusammenhange stehen.

Wenn diese Arbeit auch gewiss manche Lücke bietet, so
hoffe ich doch, dass dieselbe nicht blos für den sich mit den
Krankheiten des Weibes speziell Beschäftigenden, sondern für
jeden praktischen Arzt ein gewisses Interesse beanspruchen darf.

Prag, im Februar 1874.

Der Verfasser.

Inhalt.

VIII   Inhalt.

I. Abtheilung.

Das klimakterische Alter im Allgemeinen.

Klimakterisches Alter.

Die Zeit, in welcher naturgemäss das Geschlechtsleben des Weibes allmälig erlischt, die Sexualthätigkeit aufhört, bezeichnet man als „klimakterisches Alter". Es ist diese Periode auch als „Zeit des Wechsels" bekannt, während der Franzose hiefür den Ausdruck „l'age de retour" „temps critique" „Menopause" hat und der Engländer diese Jahre als „dodging time", „change of life" charakterisirt.

Wie die Entwickelung der weiblichen Sexualreife allmälig erfolgt und das bezeichnendste Symptom derselben, das erste Erscheinen der Menstrualblutung mit einem Umschwunge im ganzen Organismus verbunden ist; so tritt im normalen Zustande auch die rückbildende Metamorphose nicht mit einem Schlage, sondern nach und nach ein und das Wahrzeichen derselben, das Aufhören der monatlichen Blutausscheidung, geht mit eingreifenden Veränderungen im gesammten Körper einher. Gleich wichtig wie die Pubertätszeit, als Beginn des Sexuallebens, wie Schwangerschaft und Wochenbett als Höhepunkt gereifter Geschlechtsthätigkeit, ist das klimakterische Alter, die Zeit der weiblichen Rückbildung.

Nicht auf die Sexualorgane allein beschränkt sich der Einfluss dieser Lebensperiode des Weibes, nicht blos auf die anatomischen Veränderungen in den Ovarien, auf die Rückbildung im Uterusgewebe, auf die regressive Metamorphose in den äusseren Genitalien, sondern es entstehen Functionsstörungen in den verschiedensten Organen, Veränderungen in den allgemeinen Blutcirculationsverhältnissen, Alterationen im ganzen Nervensystem — physiologische

1 *

und pathologische Momente, die wir später ausführlich erörtern
werden.

Wir nannten das Aufhören der monatlichen Blutausscheidung das Wahrzeichen dieser Lebensperiode des Weibes.
Und in der That ist es das charakteristische Symptom des klimakterischen Alters. Wenn wir feststellen wollen, wann das klimakterische Alter einer Frau begonnen hat, so müssen wir uns an die
Zeit halten, wann die Menses aufhörten, oder, da dies in der über-
wiegendsten Mehrzahl nicht plötzlich geschieht, wann die Menstruation durch unregelmässiges Auftreten, allmälige Verminderung,
ungleiche Dauer das darauf folgende gänzliche Ausbleiben an-
kündigte.

Das Lebensalter der Frau, in welchem das Geschlechtsleben
erlischt, ist ein sehr verschiedenes. Die Dauer der Zeit (der klimakterischen Periode), in welcher jene Veränderungen auftreten,
die das Aufhören der Sexualthätigkeit begleiten, ist eine sehr wechselnde. Die Menge der Symptome, welche hiedurch hervorgerufen
wird, ist eine höchst mannigfaltige. Das Bild der klimakterischen
Jahre ist darum auch ein buntes, veränderliches und nur gewisse
Züge in demselben lassen sich durch bestimmte Gesetze fixiren.

I. Capitel.

Das Alter, in welchem die Menstruation cessirt.

Das Alter der Frau, in welchem die Menstruation cessirt, die Sexualthätigkeit erlischt, ist ein sehr verschiedenes, von äusseren Einflüssen, angeborenen und erworbenen constitutionellen Verhältnissen abhängiges. Doch können wir schon hier angeben, dass nach den verlässlichsten statistischen Zusammenstellungen, die bei Weitem gewöhnlichste Zeit für das Aufhören der Menstruation das Alter zwischen 46 und 50 Jahren ist, dass diesem im Allgemeinen das Alter von 41 bis 45 Jahren zunächst steht, dass in die Zeit vom 51. bis 55. Jahre die letzte Menstruation häufiger fällt als in die Periode vom 36. bis zum 40. Lebensjahre und dass nur ein geringer Theil der Frauen die Menopause vor dem 35. oder nach dem 55. Jahre hat.

Als Momente, welche den früheren oder späteren Eintritt der Menopause am wesentlichsten beeinflussen, können wir nach unseren Untersuchungen, folgende bezeichnen:

1) Die Nationalität der Frau.

2) Den Umstand, ob die Pubertätsreife früh oder spät zu Tage getreten ob die erste Menstruation sich demnach in einer früheren oder späteren Lebenszeit zeigte.

3) Die grössere oder geringere sexuelle Thätigkeit der Frau, besonders die häufigere oder seltenere Zahl von Geburten und dann der Umstand der Lactation.

4) Die socialen und äusseren Lebensverhältnisse der Frau.

5) Allgemeine constitutionelle und krankhafte Zustände.

1. Die Nationalität.

Die Beobachtungen über die Verschiedenheit des Eintrittes der Menopause je nach der Nationalität der Frau ergeben manche wesentliche Differenzen. Es liegen uns statistische Daten aus Deutschland (Beobachter L. Mayer und Krieger), Oesterreich (Szukits), Frankreich (Brierre de Boismont, Courty, Puech, Pétrequin), England (Tilt, Hewitt, Harrison, Hogg, Guy), Russland (Lieven), Dänemark (Hannover), Norwegen (Faye und Vogt) und Lappland (Vogt) vor.

Das späteste Alter, in welchem die Menstruation erst aufhört, zeigt die Durchschnittsziffer von Lappland, nämlich das 49,4 Jahr; zunächst kömmt Norwegen, wo das Durchschnittsalter der Menopause in das 48,9. Lebensjahr fällt, daran reiht sich Deutschland, wo durchschnittlich im 47. Jahre das Geschlechtsleben des Weibes erlischt, dann England mit der mittleren Ziffer von 46,1 Jahren, hernach Russland mit der Durchschnittszahl von 45,9 Jahren, Frankreich mit der Ziffer von 44,0 und Oesterreich mit jener von 42,2 Lebensjahren.

Es ergeben sich aus jenen Daten noch manche andere Verschiedenheiten je nach der Nationalität. In Norddeutschland tritt wie Krieger in seiner Studie, „über die Menstruation" hervorhebt, das Aufhören der Menstruation häufiger ein zwischen dem 51. und 55. Jahre als zwischen dem 41. und 45. Jahre, während in England (London) die Cessation der Menses im Alter zwischen 36 und 40 Jahren häufiger ist als zwischen 51 und 55 Jahren und dasselbe auch in Frankreich (Paris und Montpellier) der Fall ist. In Oesterreich kommt die Menopause im Alter zwischen 50 und 55 Jahren häufiger vor als in England und Frankreich und auch das Aufhören der Menstruation vor dem 35. und nach dem 55. Lebensjahre wird daselbst öfter beobachtet, als in den zwei letztgenannten Ländern und in Norddeutschland.

In England tritt nach Tilt die Menopause am häufigsten im 45. und 50. Jahre ein, in Frankreich nach Courty am häufigsten im 50. Jahre. Für Norddeutschland gibt Mayer als das häufigste Alter der Cessation der Menses das 50. Lebensjahr, Szukits für Oesterreich das 42. Jahr an.

In den grossen Hauptstädten beträgt das mittlere Alter der

Menopause für London etwa 45¹|₃ Jahre, für Paris 43,65, für Wien 43 und für Berlin 47 Jahre.

Meine eigenen Beobachtungen umfassen 500 Frauen der verschiedenen Nationalitäten, wie sie sich in der mosaikartig bunt zusammengewürfelten Praxis des Badearztes in einem Weltkurorte vereint finden.

Bei diesen Frauen trat die Menopause ein:

Im Alter bis zu 30. Jahren bei 18 Frauen

im	31. Jahre bei	3	„
„	32. „	„	5	„
„	33. „	„	—	„
„	34. „	„	2	„
„	35. „	„	7	„
„	36. „	„	1	„
„	37. „	„	8	„
„	38. „	„	14	„
„	39. „	„	18	„
„	40. „	„	28	„
„	41. „	„	24	„
„	42. „	„	25	„
„	43. „	„	28	„
„	44. „	„	36	„
„	45. „	„	42	„
„	46. „	„	30	„
„	47. „	„	28	„
„	48. „	„	36	„
„	49. „	„	41	„
„	50. „	„	26	„
„	51. „	„	18	„
„	52. „	„	20	„
„	53. „	„	16	„
„	54. „	„	9	„
„	55. „	„	4	„
„	56. „	„	4	„
„	57. „	„	5	„
„	58. „	„	2	„
„	59. „	„	1	„
„	60. „	„	1	„

Summa 500 Fälle

Fassen wir diese Ziffern in grösseren Gruppen zusammen, so ergibt sich, dass die Menopause eintrat:

Im Alter vom 35. bis zum 40. Jahre bei 48 Frauen

„   „   „ 40. „ „ 45. „   „ 141 „

„   „   „ 45. „ „ 50. „   „ 177 „

„   „   „ 50. „ „ 55. „   „   89 „

Demnach hörte die Menstruation bei etwa $^1/_{10}$ meiner Fälle im Alter zwischen 35 und 40 Jahren, bei mehr als $^1/_4$ der Fälle zwischen 40 und 45 Jahren, bei mehr als ein Dritttheil der Fälle zwischen 45 und 50 Jahren und bei etwa $^1/_6$ der Fälle zwischen 50 und 55 Jahren.

Die meisten Frauen hörten im Alter zwischen dem 44. und 49. Lebensjahre zu menstruiren auf. Vor dem 35. Jahre hatten 28 Frauen und nach dem 55. Jahre 17 Frauen ihre Menses verloren.

Der Nationalität waren in der überwiegenden Zahl meiner Beobachtungsfälle Frauen aus Deutschland und Oesterreich, ihnen zunächst kamen Polinnen, Russinnen, Frauen aus den Südländern und Schwedinnen.

Auffallend war mir das späte Eintreten der Menopause bei den Frauen slavischer Nationalität im Vergleiche mit den deutschen Frauen.

Brierre de Boismont hat in seinem klassischen Werke über die Menstruation 181 Beobachtungen von Frauen, welche zu menstruiren aufgehört hatten, gesammelt. Folgendes sind die Resultate:

Tabelle des verschiedenen Alters von 181 Frauen zur Zeit der Involution: Alter von 21 Jahren 2 Fälle

„   „ 24 „ 1 „

„   „ 26 „ 1 „

„   „ 27 „ 1 „

„   „ 28 „ 1 „

„   „ 29 „ 1 „

„   „ 31 „ 3 „

„   „ 32 „ 2 „

„   „ 34 „ 4 „

„   „ 35 „ 6 „

„   „ 36 „ 7 „

„   „ 37 „ 4 „

„   „ 38 „ 7 „

„   „ 39 „ 1 „

Alter von 40 Jahren 18 Fälle

"	"	41	"	10	"
"	"	42	"	7	"
"	"	43	"	4	"
"	"	44	"	13	"
"	"	45	"	13	"
"	"	46	"	9	"
"	"	47	"	13	"
"	"	48	"	8	"
"	"	49	"	7	"
"	"	50	"	12	"
"	"	51	"	4	"
"	"	52	"	8	"
"	"	53	"	2	"
"	"	54	"	5	"
"	"	55	"	2	"
"	"	56	"	2	"
"	"	57	"	2	"
"	"	60	"	1	"

Pétrequin fand, dass bei 60 Frauen seiner Beobachtung das Aufhören der Menses in folgender Art erfolgte:

Von 35 bis 40 Jahren bei $1/_8$

" 40 " 45 " " $1/_4$

" 45 " 50 " " $1/_2$

" 50 " 55 " " $1/_8$

Er glaubt, dass drei Viertheile der Frauen zwischen dem 40. und 50. Jahre zu menstruiren aufhörten.

Harrison stellte über 77 Frauen folgende Beobachtungen an. Die Menses hatten aufgehört:

bei 1 Individuum im 35. Lebensjahre

"	4	"	"	40.	"
"	1	"	"	42.	"
"	1	"	"	43.	"
"	3	"	"	44.	"
"	10	"	"	48.	"
"	7	"	"	49.	"
"	26	"	"	50.	"
"	2	"	"	51.	"
"	7	"	"	52.	"

bei 2 Individuen im 53. Lebensjahre

„   2   „   „   54.   „   -

„   1   „   „   57.   „

„   2   „   „ .60.   „

„   1   „   „   70.   „

Hewitt gibt folgende Tabelle für die Resultate seiner Beobachtung in 53 Fällen: Die Menstruation hörte auf
im Alter von 30 Jahren in 1 Fall

„   „   „   33   „   „   1   „

„   „   „   34   „   „   2   „

„   „   „   35   „   „   1   „

„   „   „   37   „   „   1   „

„   „   „   38   „   „   3   „

„   „   „   39   „   „   1   „

„   „   „   40   „   „   1   „

„   „   „   41   „   „   2   „

„   „   „   43   „   „   8   „

„   „   „   44   „   „   2   „

„   „   „   45   „   „   6   „

„   „   „   46   „   „   2   „

„   „   „   47   „   „   4   „

„   „   „   48   „   „   5   „

„   „   „   49   „   „   4   „

„   „   „   50   „   „   4   „

„   „   „   51   „   „   3   „

„   „   „   53   „   „   1   „

Die Angaben von Puech über die Zeit des Aufhörens der
Geschlechtsthätigkeit bei 207 Frauen lauten:
Im Alter von 36—40 Jahren 78 Frauen

„   „   „   41—45   „   60   „

„   „   „   46—50   „   95   „

„   „   „   51—55   „   25   „

Im Alter von 35 und nach 55 Jahren 9   „

Szukits (Zeitschrift d. k. k. Ges. d. Aerzte Wien 1857) hat
als Resultat seiner Untersuchungen betreffs des verschiedenen Alters von 265 Frauen in Oesterreich zur Zeit der Involution folgende Tabelle angegeben:

30 Jahre alt waren 2 Frauen

32   „   „   „   3   „

33 Jahre alt waren 4 Frauen
34 „ „ „ 2 „
35 „ „ „ 4 „
36 „ „ „ 2 „
37 „ „ „ 3 „
38 · „ „ „ 6 „
39 „ „ „ 4 „
40 „ „ „ 11 „
41 „ „ „ 11 „
42 „ „ „ 26 „
43 „ „ „ 2 „
44 „ „ „ 18 „
45 „ „ „ 20 „
46 „ „ „ 23 „
47 „ „ „ 10 „
48 „ „ „ 15 „
49 „ „ „ 18 „
50 „ „ „ 33 „

Als mittleres Alter des Eintretens der Menopause stellte sich daher bei diesen 265 Frauen 42,20 oder beiläufig das 43. Jahr heraus und zwar ersehen wir aus obiger Tabelle, dass die Meisten aufhörten zu menstruiren zwischen 46 und 50 Jahren, also beiläufig bei $^3/_8$ der Fälle, dann zwischen 41 und 45 Jahren u. s. w. Es stellt sich bei diesen Beobachtungen folgendes Verhältniss heraus. Von 46 bis 50 Jahren trat die Menopause ein bei 99 Frauen, also beiläufig bei $^3/_8$ aller Fälle, von 41 bis 45 Jahren bei 77 Frauen also in mehr als $^2/_7$, von 51 bis 55 Jahren bei 42 Frauen, also beiläufig in $^1/_6$, von 36 bis 40 Jahren bei 26 Frauen, also beiläufig in $^1/_{10}$, von 30 bis 35 Jahren bei 15 Frauen, also beiläufig in $^1/_{16}$, von 56 bis 60 Jahren bei 6 Frauen, also beiläufig in $^1/_{40}$ aller Fälle.

L. Mayer hat bei 824 Frauen gefunden, dass davon die Menstruation verloren hatten

im Alter zwischen 36 und 40 Jahren 74 Frauen
„ „ „ 41 und 45 „ 151 „
„ „ „ 46 und 50 „ 389 „
„ „ „ 51 und 55 „ 163 „

vor dem 35. und nach dem 55. Jahre hatten 47 Frauen ihre Menses verloren.

Mayer hat ferner (Krieger: die Menstruation) in dieser Beziehung die Bewohnerinnen Norddeutschland's in der Zone vom 56. bis 53 und in derjenigen vom 53. bis 50. Grade nördlicher Breite verglichen und gefunden, dass von den Ersteren 23,256, von den Letzteren nur 12,932 pCt. im 50. Jahre die Menstruation verloren haben, dass ferner das mittlere Lebensalter für das Aufhören dieser Function sich bei jenen auf 49,023 bei diesen auf 46,976 Jahre beläuft.

. Tilt hat bei 501 Frauen die Cessation der Menses in folgendem Verhältnisse beobachtet:

Im Alter von 36—40 Jahren 67 Frauen

„ „ „ 41—45 „ 139 „

„ „ „ 46—50 „ 191 „

„ „ „ 51—55 „ 61 „

Vor dem 35. und nach dem 55. Jahre hatten 39 Frauen ihre Menses verloren. Die genauere Tabelle Tilt's ist folgende.

Es verloren ihre Periode im Alter von:

30 Jahren 10 Frauen

31 „ 1 „

32 „ 4 „

33 „ 1 „

34 „ 2 „

35 „ 6 „

36 „ 2 „

37 „ 7 „

38 „ 6 „

39 „ 10 „

40 „ 42 „

41 „ 17 „

42 „ 26 „

43 „ 24 „

44 „ 23 „

45 „ 49 „

46 „ 31 „

47 „ 42 „

48 „ 37 „

49 „ 32 „

50 „ 49 „

51 „ 27 „

52 Jahren	16	Frauen
53 „	9	„
54 „	7	„
55 „	6	„
56 „	4	„
57 „	2	„
58 „	4	„
59 „	1	„
60 „	1	„
61 „	2	„

Krieger zieht aus den Beobachtungen mehrer der angeführten Autoren, im Ganzen das Material von 2291 Frauen betreffend, folgende Durchschnittszahlen :

Die Menstruation verloren zwischen

den Jahren	36—40	272 Frauen	= 11,87 pCt.
„ „	41—45	595 „	= 25,97 „
„ „	46—50	940 „	= 41,03 „
„ „	51—55	334 „	= 14,58 „

vor dem 35. und
nach dem 55. Jahre 150   „   = 6,54 „

Courty gibt in seinem Traité pratique des maladies de l'utérus (Paris 1872) folgende Daten seiner Beobachtung:

Alter der Menopause bei 100 russischen Frauen:

Das 40. Lebensjahr	bei	6	Frauen
„ 41.	„	„ 4	„
„ 42.	„	„ 6	„
„ 43.	„	„ 8	„
„ 44.	„	„ 4	„
„ 45.	„	„ 8	„
„ 46.	„	„ 2	„
„ 47.	„	„ 10	„
„ 48.	„	„ 16	„
„ 49.	„	„ 8	„
„ 50.	„	„ 20	„
„ 51.	„	„ 2	„
„ 52.	„	„ 4	„
„ 53.	„	„ 2	„

Alter der Menopause bei 176 Frauen von Montpellier:

Das 28. Lebensjahr bei 1 Frau

„ 29.   „   „ 1 „

„ 32.   „   „ 1 „

„ 33.   „   „ 2 „

„ 34.   „   „ 5 „

„ 35.   „   „ 3 „

„ 36.   „   „ 2 „

„ 37.   „   „ 3 „

„ 38.   „   „ 6 „

„ 39.   „   „ 4 „

„ 40.   „   „ 10 „

„ 41.   „   „ 4 „

„ 42.   „   „ 11 „

„ 43.   „   „ 6 „

„ 44.   „   „ 12 „

„ 45.   „   „ 25 „

„ 46.   „   „ 7 „

„ 47.   „   „ 11 „

„ 48.   „   „ 9 „

„ 49.   „   „ 10 „

„ 50.   „   „ 20 „

„ 51.   „   „ 6 „

„ 52.   „   „ 11 „

„ 53.   „   „ 3 „

„ 54.   „   „ 1 „

„ 55.   „   „ 1 „

„ 60.   „   „ 1 „

Alter der Menopause bei 206 Frauen von Nimes:

Das 35. Lebensjahr bei 8 Frauen

„ 36.   „   „ 1 „

„ 37.   „   „ 4 „

„ 38.   „   „ 4 „

„ 39.   „   „ 4 „

„ 40.   „   „ 5 „

„ 41.   „   „ 11 „

„ 42.   „   „ 10 „

„ 43.   „   „ 8 „

„ 44.   „   „ 13 „

Das 45. Lebensjahr bei 18 Frauen

„ 46. „ „ 19 „

„ 47. „ „ 15 „

„ 48. „ „ 20 „

„ 49. „ „ 17 „

„ 50. „ „ 24 „

„ 51. „ „ 8 „

„ 52. „ „ 7 „

„ 53. „ „ 6 „

„ 54. „ „ 4 „

Alter der Menopause bei 190 Frauen von Rouen:

Vom 18. bis 20. Lebensjahre bei 1 Frau

„ 25. „ 30. „ „ 1 „

„ 31. „ 34. „ „ 1 „

„ 35. „ 40. „ „ 17 „

„ 41. „ 45. „ „ 49 „

„ 46. „ 50. „ „ 83 „

„ 51. „ 55. „ „ 38 „

Alter der Menopause bei 391 Frauen von Norwegen:

Das 31. Lebensjahr bei 1 Frau

„ 35. „ „ 1 „

„ 36. „ „ 1 „

„ 38. „ „ 1 „

„ 39. „ „ 1 „

„ 40. „ „ 9 „

„ 41. „ „ 3 „

„ 42. „ „ 6 „

„ 43. „ „ 5 „

„ 44. „ „ 9 „

„ 45. „ „ 8 „

„ 46. „ „ 22 „

„ 47. „ „ 27 „

„ 48. „ „ 47 „

„ 49. „ „ 68 „

„ 50. „ „ 74 „

„ 51. „ „ 32 „

„ 52. „ „ 38 „

„ 53. „ „ 22 „

„ 54. „ „ 5 „

Das 55. Lebensjahr bei 5 Frauen

„ 56.   „   „ 1

„ 57.   „   „ 1

„ 58.   „   „ 3

„ 59.   „   „ 1

W. Guy hat in seinen „Beobachtungen über das erste und letzte Erscheinen des Monatsflusses und das Verhältniss dieser beiden Perioden zu einander" bei 400 Menstruirten das Aufhören der Menstruation verzeichnet:

Im Alter von 27 Jahren	1 Mal
„ „ „ 28 „	1 „
„ „ „ 30 „	1 „
„ „ „ 33 „	2 „
„ „ „ 34 „	1 „
„ „ „ 35 „	3 „
„ „ „ 36 „	1 „
„ „ „ 37 „	5 „
„ „ „ 38 „	5 „
„ „ „ 39 „	7 „
„ „ „ 40 „	33 „
„ „ „ 41 „	24 „
„ „ „ 42 „	24 „
„ „ „ 43 „	23 „
„ „ „ 44 „	24 „
„ „ „ 45 „	45 „
„ „ „ 46 „	34 „
„ „ „ 47 „	25 „
„ „ „ 48 „	38 „
„ „ „ 49 „	25 „
„ „ „ 50 „	37 „
„ „ „ 51 „	14 „
„ „ „ 52 „	13 „
„ „ „ 53 „	8 „
„ „ „ 54 „	2 „
„ „ „ 55 „	1 „
„ „ „ 56 „	2 „
„ „ „ 57 „	1 „

In fünfjährigen Perioden zusammengestellt, ergaben diese Ziffern Guy's für das Aufhören der Menses folgende Verhältnisse:

bis zum 35. Jahre 9 Mal oder 2,25 Procente
vom 35. bis zum 40. „ 51 „ „ 12,75 „
„ 40. „ „ 45. „ 140 „ „ 35 „
„ 45. „ „ 50. „ 159 „ „ 39,75 „
im 50. und darüber „ 41 „ „ 10,25 „

Guy zieht aus diesen Ziffern den Schluss, dass die Menstruation vom 27. bis zum 57. Lebensjahre an aufhören kann, dass sie aber gewöhnlich zwischen dem 40. und 50. Jahre und am häufigsten vom 45. bis 50 Jahre an erlischt.

Hogg gibt (Med. Times and Gazette 1871) auf Grundlage seiner Beobachtungsfälle folgende Daten über die Cessation der Menses: Es erfolgte die Menopause

im 23. Lebensjahre bei 1 Frau
„ 34. „ „ 1 „
„ 35. „ „ 1 „
„ 37. „ „ 2 „
„ 38. „ „ 5 „
„ 40. „ „ 10 „
„ 41. „ „ 2 „
„ 42. „ „ 6 „
„ 44. „ „ 3 „
„ 45. „ „ 5 „
„ 46. „ „ 3 „
„ 47. „ „ 9 „
„ 48. „ „ 2 „
„ 49. „ „ 3 „
„ 50. „ „ 2 „
„ 53. „ „ 2 „

Bei den Perserinen soll nach Chardin die Cessation der Menses im 27. Lebensjahre bereits erfolgen, bei den Javanerinen um das 30. Jahr, bei den übrigen Asiatinen zum 30. bis 40. Jahre. Bei den Siameserinen sollten die Menses vom 9. oder 10. Jahre bis zum 30. oder 40. fliessen und in gleicher Weise sollen sich die Samojedinen verhalten.

Bei den Polinen cessiren nach Lebrun die Menses durchschnittlich im 47. bis 48. Lebensjahre.

Dr. Webb theilt mit, dass bei 13 Weibern der Hindus, bei denen er Erkundigungen betreffs der Menopause eingezogen hatte,

diese bei 1 im 50. Lebensjahre, bei 2 im 56., 1 im 57., 1 im 58.,
1 im 59., ferner je 1 im 60., 63., 64., 65., 67., 68. und 80. Jahre
eingetreten war.   Wir glauben zu diesen Daten wohl ein Frage-
zeichen setzen zu dürfen.

**Vergleichende Tabelle über die Zeit des Eintritts der
Menopause bei verschiedenen Nationalitäten.**

	Deutschland	Oesterreich	Frankreich (Paris)	England (London)	Russland	Dänemark	Norwegen	Lappland
Zahl der Fälle	824	256	178	500	100	312	391	34
Durchschnittsalter zur Zeit der Menopause	47,0	42,2	44,0	46,1	45,9	44,8	48,9	49,4
Beobachter	L. Mayer	Szukits	Brierre deBoismont	Tilt	Licven	Hannover	Faye u. Vogt	Vogt

Dadurch dass das Aufhören der Menstruationsthätigkeit, in
ähnlicher Weise wie der Beginn der Pubertät, je nach der Nationalität und den klimatischen Verhältnissen früher oder später erfolgt, haben diese Momente auch natürlich einen wesentlichen Einfluss auf die Dauer der Menstrualfunction und des Sexuallebens überhaupt und es dürfte wohl hier der Ort sein, dies
kurz zu erwähnen.

Im Allgemeinen kann man für das mittlere Europa einen Zeitraum von 30 Jahren als Dauer der Menstrualfunction annehmen.
Im Norden dauert dieselbe länger, im Süden ist sie
auf kürzere Zeit bemessen. Für London beträgt die Durchschnittszahl 34 Jahre, für Paris 30 Jahre, für Wien 29 Jahre, für
Berlin 34 Jahre.

Für die heissen Klimate stellt sich eine sehr kurze Zeit der
Uterinthätigkeit heraus. Denn wenn in Indien die Mädchen ihre
Menstruation durchschnittlich mit 12 Jahren bekommen und mit

30 oder 35 Jahren verlieren, so beschränkt sich die Gesammtdauer der Uterinthätigkeit auf 20 bis 23 Jahre. Von den arabischen Frauen in Afrika sowohl wie im eigentlichen Arabien erzählt Bruce, dass die Frauen schon mit 11 Jahren anfingen, Kinder zu haben, dass es aber ein seltenes Ereigniss sei, wenn 20jährige Frauen noch Mütter würden; die abyssinischen Frauen sollen hingegen länger fruchtbar sein, als die arabischen.

Es scheint, dass in jenen Klimaten, wo die Menstruation zeitig auftritt, die Menses auch in einem früheren Alter bereits ausbleiben und umgekehrt dort, wo die Periode spät eintritt, die Menopause auch erst in späterer Zeit zu Stande kömmt.

In meinen 500 Fällen ergeben sich in Berücksichtigung des Zeitpunktes, wann die Menstruation zum ersten Male auftrat und wann dieselbe cessirte, folgende Ziffern für die Dauer der Menstrualfunction, oder wenn man dies als gleichbedeutend bezeichnen will, der Sexualthätigkeit.

Es betrug die Dauer der Menstrualthätigkeit

6 Jahre bei	1 Frau		
7 " "	1 "		
9 " "	2 Frauen		
11 " "	4 "		
15 " "	6 "		
16 " "	8 "		
17 " "	12 "		
18 " "	15 "		
19 " "	9 "		
20 " "	6 "		
21 " "	18 "		
22 " "	20 "		
23 " "	24 "		
24 " "	18 "		
25 " "	16 "		
26 " "	25 "		
27 " "	26 "		
28 " "	29 "		
29 " "	36 "		
30 " "	22 "		
31 " "	32 "		
32 " "	49 "		

33 Jahre	bei	31	Frauen	
34	„	„	26	„
35	„	„	12	„
36	„	„	12	„
37	„	„	10	„
38	„	„	8	„
39	„	„	6	„
40	„	„	2	„
43	„	„	2	„
45	„	„	1	„
46	„	„	1	„

Es schwankt demnach die Dauer der Menstrualthätigkeit zwischen den Ziffern 6 und 46. Am häufigsten war die Ziffer von 32 Jahren für diese Dauer vertreten, ihr zunächst kam die von 29, dann 31, dann 33 und 37 Jahren. Nur bei 6 Frauen erstreckte sich die Dauer der Menstrualfunction über 40 Jahre und nur bei 4 Frauen war sie geringer als 11 Jahre. Bei der Hälfte sämmtlicher Fälle dauerte die Menstrualthätigkeit zwischen 27 und 34 Jahren, so dass sich ohngefähr 30 Jahre als Durchschnittsziffer ergibt.

Die Dauer des Sexuallebens betreffend, gibt für Frankreich Brierre de Boismont folgende Tabelle der Menstruationsdauer bei 178 Frauen:

5 Jahre	bei	1	Individuum	
6	„	„	1	„
8	„	„	1	„
11	„	„	1	„
16	„	„	4	Individuen
17	„	„	4	„
18	„	„	1	„
19	„	„	3	„
20	„	„	3	„
21	„	„	4	„
22	„	„	3	„
23	„	„	12	„
24	„	„	8	„
25	„	„	8	„
26	„	„	11	„
27	„	„	7	„

28 Jahre bei 6 Individuen
29 „ „ 7 „
30 „ „ 13 „
31 „ „ 13 „
32 „ „ 9 „
33 „ „ 9 „
34 „ „ 7 „
35 „ „ 5 „
36 „ „ 10 „
37 „ „ 6 „
38 „ „ 5 „
39 „ „ 2 „
40 „ „ 7 „
41 „ „ 1 „
42 „ „ 3 „
43 „ „ 1 Individuum
44 „ „ 1 „
48 „ „ 1 „

Hier zeigen sich sehr bedeutende Verschiedenheiten in der Dauer dieser Periode, denn zwischen der ersten, welche nur einen Zeitraum von 5 Jahren anzeigt und der letzten, wo dieser 48 Jahre währte, ist der Unterschied sehr gross.

Nach Courty und Puech beträgt die gewöhnliche Dauer der Uterinthätigkeit der Frauen im mittäglichen Frankreich 28 bis 30 Jahre. Der Erstere erzählt von einer Frau, deren erste Menses im 24., die letzten im 30. Jahre eintraten, bei einer anderen habe sich die Menstruation zum ersten Male im 17. und zum letzten Male im 28. Jahre gezeigt, bei einer dritten die erste Menstruation mit 18, die letzte mit 35 Jahren, ohne dass etwa durch Kindbett, Lactation oder eine schwere Krankheit die Menstruation auf einige Zeit unterbrochen und dann gänzlich fortgeblieben wäre. Anderseits hat er beobachtet, dass die im Alter von 12 Jahren eingetretenen Menses bis zum 50. und 52. Jahre gedauert haben. Puech theilt einen Fall mit, wo die Dauer der Menstrualfunction mehr als 40 Jahre betrug. Bei 10 Frauen, die sämmtlich zuerst im Alter von 10 Jahren menstruirt waren, ist nach Puech die letzte Menstruation eingetreten:

Bei 2 mit 43 Jahren (Menstruationsdauer 33 Jahre)
„ 1 „ 45 „ („   35 „)
„ 2 „ 46 „ („   36 „)
„ 2 „ 49 „ („   39 „)
„ 2 „ 53 „ („   43 „)
„ 1 „ 54 „ („   44$\frac{1}{2}$ „)

Tilt gibt in seinem „Change of life" die Mittelzahl der Dauer der Uterinthätigkeit in England, wie er dieselbe bei 500 Frauen gefunden, auf 31,21 Jahre an. In seinen Fällen variirt diese Dauer zwischen 11 und 47 Jahren, doch sind die meisten Fälle mit der Dauer von 34 Jahren angegeben.

Tilt's Tabelle ist folgende:

Es dauerte die Menstruation:

11 Jahre bei 1 Frau
13 „ „ 1 „
15 „ „ 3 „
16 „ „ 1 „
17 „ „ 2 „
18 „ „ 4 „
19 „ „ 1 „
20 „ „ 3 „
21 „ „ 6 „
22 „ „ 11 „
23 „ „ 11 „
24 „ „ 10 „
25 „ „ 22 „
26 „ „ 11 „
27 „ „ 25 „
28 „ „ 29 „
29 „ „ 33 „
30 „ „ 36 „
31 „ „ 33 „
32 „ „ 38 „
33 „ „ 35 „
34 „ „ 49 „
35 „ „ 33 „
36 „ „ 26 „
37 „ „ 16 „
38 „ „ 15 „

39 Jahre bei 15 Frauen
40 „ „ 6 „
41 „ „ 4 „
42 „ „ 7 „
43 „ „ 5 „
44 „ „ 3 „
45 „ „ 1 „
46 „ „ 1 „
47 „ „ 3 „

Für Norddeutschland gibt Krieger („Die Menstruation") Daten, die er den von L. Mayer aufgestellten Tabellen entnimmt. Unter diesen befindet sich eine, in welcher von 722 Frauen das Eintrittsjahr der ersten und der letzten Menstruation angegeben ist, so dass sich hieraus die Dauer der Menstrualfunction berechnen lässt. In einzelnen Fällen ist diese Dauer sehr kurz und beläuft sich auf nicht mehr als 8, 9, 10 Jahre, steigt aber bis auf 47 Jahre, indem die Zahl der Fälle bis zur Dauer von 34 Jahren ziemlich stetig zunimmt und sich dann wieder vermindert. Bei der grösseren Hälfte beträgt die Dauer zwischen 31 und 37 Jahren. Die Durchschnittliche Dauer ist 30,49 Jahre.

Ueber diese Verhältnisse in Oesterreich gibt Szukits Auskunft, nach dessen Untersuchungen die Dauer der Menstrualfunction daselbst zwischen 12 und 45 Jahren variirt. Die durchschnittliche Dauer beträgt 29,16 Jahre und die Mehrzahl der Frauen weist eine Uterinthätigkeit von 21 bis 30 Jahren auf.

Die kürzeste Uterinthätigkeit war bei 2 Frauen mit 12 Jahren, die längste bei 2 Frauen mit 45 Jahren.

Szukits gibt folgende Tabelle der Uterinthätigkeit bei 269 Frauen:

12 Jahre Menstruationsdauer bei 2 Frauen
14 „ „ „ 1 „
15 „ „ „ 2 „
17 „ „ „ 3 „
19 „ „ „ 3 „
20 „ „ „ 17 „
21 „ „ „ 10 „
22 „ „ „ 7 „
23 „ „ „ 5 „
24 „ „ „ 17 „

25 Jahre Menstruationsdauer bei 7 Frauen

26 „	„	„	13 „
27 „	„	„	5 „
28 „	„	„	26 „
29 „	„	„	18 „
30 „	„	„	17 „
31 „	„	„	8 „
32 „	„	„	8 „
33 „	„	„	13 „
34 „	„	„	8 „
35 „	„	„	18 „
36 „	„	„	19 „
37 „	„	„	14 „
38 „	„	„	9 „
39 „	„	„	8 „
40 „	„	„	1 „
42 „	„	„	1 „
43 „	„	„	1 „
44 „	„	„	2 „
45 „	„	„	2 „

In Polen soll nach Raciborski die Dauer der Uterinthätigkeit bei den Jüdinen 23 Jahre, bei den Frauen slavischer Abkunft aber 31 Jahre betragen.

Aus den Beobachtungen bei den verschiedenen Nationalitäten lassen sich die Durchschittsziffern für die Dauer der Menstruation in folgender Tabelle geben.

Vergleichende Tabelle über die Menstruationsdauer bei verschiedenen Nationalitäten.

	Deutschland	Oesterreich	Frankreich	England (London)	Dänemark	Norwegen	Russland
Zahl der Fälle	722	265	178	500	312	391	100
Durchschnittsziffer der Jahre der Menstruationsdauer	30,4	29,1	29,1	31,8	27,9	32	31
Beobachter	L. Mayer	Szukits	Brierre deBoismont	White-head	Hanno-ver	Faye u. Vogt	Lieven

2. Der Eintritt der ersten Menstruation.

Virey's so vielfach citirter Spruch „Prius pubescentes prius senescunt" (De la puissance vitale) hat keineswegs allgemein giltige Berechtigung.

Die Annahme, dass je früher die Menses auftreten, um so früher auch die Menopause eintrete, und dass je später die Menstruation beginne, desto später sie auch aufhöre, ist nur in Bezug auf klimatische Einflüsse richtig· Kaltes Klima veranlasst späteres Eintreten und späteres Aufhören der Menstruation, während in heissen Klimaten das Entgegengesetzte stattfindet. Sieht man jedoch hievon ab und vergleicht die unter derselben geographischen Breite und demselben Klima wohnenden Frauen unter einander, so findet man grosse Verschiedenheiten, die, wie beim Eintreten der Pubertät stattfindenden ihren Grund in der individuellen Beschaffenheit der Lebens - und Reproductionskraft haben. Ausnahmsfälle abgerechnet, kann man im Allgemeinen behaupten, dass je früher ein Weib bezüglich der ersten Menstruation reit erscheint, dasselbe um so mehr disponirt sei, viele Kinder zu haben, und dass auch die klimakterische Epoche um so später eintreten werde, weil Alles dies mit der Reproduktionskraft im Zusammenhange steht. Es scheint der Grund darin zu liegen, dass bei gewissen Frauen schon in ihrer Constitution eine grössere Vitalität in der Sexualsphäre herrscht, wodurch ein zeitlicheres Reifen der Ovula, eine frühzeitigere Menstruation eintritt, wodurch eine grössere Fruchtbarkeit, häufigere Empfängniss bedingt wird und wodurch auch die Ovarial- und Uterinthätigkeit sich auf eine längere Periode ausdehnt, die Menopause also später eintritt.

Um den Einfluss des Eintrittes der ersten Menstruation auf das Auftreten der Menopause und demgemäss auf die Dauer der Uterinthätigkeit zu ermessen, stellte ich aus meinen Tabellen 50 Fälle von Frauen zusammen, die ihre Periode zum ersten Male im Alter von 13 bis 16 Jahren, demnach frühzeitig erhielten und 50 Fälle von Frauen. die erst zwischen dem 17. und 20. Jahre, demnach spät, menstruirt waren. Es stellte sich folgendes Ergebniss heraus : Bei den 50 Frauen, die frühzeitig ihre Menstruation erhielten, trat die Menopause ein

im Alter zwischen 35 und 40 Jahren bei 5 Frauen

    „   „   „   40   „   50   „   „ 12   „

    „   „   „   45   „   50   ;,   „ 25   „

    „   „   „   50   „   55   „   „ 8   „

Hingegen war bei den spät menstruirten 50 Frauen die Menopause eingetreten

im Alter zwischen 35 und 40 Jahren bei 9 Frauen

    „   „   „   40   „   45   „   „ 28   „

    „   „   „   45   „   50   „   „ 10   „

    „   „   „   50   „   55   „   „ 3   „

Während demnach von den spät Menstruirten nur 13 in einem späteren Alter als zu 45 Jahren die Periode verloren, stellte sich dieses Verhältniss bei den früh Menstruirten fast dreimal so gross heraus (indem bei 33 später als im 45. Jahre die Menopause eintrat).

Hingegen war in jenen Fällen, wo die Menstruation vor dem 13. Lebensjahre eintrat, die Menopause auffällig frühzeitig eingetreten und eben dasselbe gilt von Frauen, deren erste Menses erst nach dem 20. Jahre erschienen.· Ungewöhnlich frühes wie ungewöhnlich spätes Eintreten der ersten Menstruation wirken demnach beschleunigend auf die Menopause.

Schon Burdach und Mende sprechen die Ansicht aus, dass die Menstruation, wo sie durch ein vorherrschendes Geschlechts-

leben frühzeitig hervorgerufen wird, auch länger dauere und wo
sie in Folge eines unvollkommeneren, geringeren Geschlechtslebens
später hervortrete, auch wieder frühzeitig verschwinde.

Raciborski hat unter 100 Frauen in der Salpetrière 29 gefunden, welche, ein seltener Fall in diesem Klima, im Alter von
12 Jahren bereits menstruirt waren. Bei diesen Frauen fand er
nun das höchste Alter, in dem die Menopause eintrat, und zwar 3
von ihnen noch menstruirt mit 57 Jahren, 1 mit 56 Jahren, 1 mit
53 Jahren, 2 mit 52 Jahren, 2 mit 50 Jahren, 3 mit 48 Jahren,
3 mit 45 Jahren und 13 im Alter unter diesen Jahren.

Brierre de Boismont erzählt von einer Frau, die zum ersten Male im 12. Lebensjahre menstruirt worden, verheirathet war,
mehrere Kinder hatte, ihre Menses ohne jede abnorme Störung bis
ins 60. Jahr behielt, wo sie dann aufhörten, nachdem sie 4 oder
5 Monate einige Unregelmässigkeiten gezeigt hatten.

Frank hatte in der Lombardei Gelegenheit sich zu überzeu-
gen, dass eine grosse Zahl von Frauen, welche frühzeitig ihre
Menstruation bekommen, dennoch erst im 48. Jahre oder später
zu menstruiren aufhörten.

Interessant sind in dieser Beziehung die Daten von Mayer
und Tilt, welche in besonderen Tabellen das Eintrittsjahr der
ersten Menstruation mit dem Jahre der Menopause zusammen-
stellten.

Mayer hat seine 722 Fälle in 4 Kategorien getheilt, je nachdem die ersten Menses im 11. bis 13. Jahre, im 14. bis 15. Jahre,
im 16. bis 17. und im 18. bis 31. Jahre eingetreten sind und er
hat gefunden, dass sich die höchsten Procentsätze ergaben
beim Eintritt im 14. u. 15. Jahre u. Cessation im 50. mit 16,5 pCt.
„   „   „ 16. „ „   „   „   „   „ 50. „ 15,2 „
„   „   „ 11. „ „   „   „   „   „ 50. „ 13,0 „
„   „   „ 18. „ „   „   „   „   „ 47. „ 11,7 „
Es ergibt sich hieraus, dass bei dem unerwartet frühen Eintritte der ersten Menstruation ebenso wie bei dem sehr späten Eintritte derselben die Menopause auffällig früh erfolgt.

Tilt hat 33 Frauen, deren erste Menstruation zwischen dem
8. und 11. Jahre erschienen war, mit 37 anderen Frauen verglichen, die ihre ersten Menses zwischen dem 18. und 22. Jahre erhielten, in Beziehung auf die Zeit ihrer letzten Menstruation. Und
er ermittelte das durchschnittliche Alter für die Menopause bei den

früh Menstruirten mit ´44,6 Jahren, bei den spät Menstruirten mit
46,8 Jahren. Da nach seinen Beobachtungen das mittlere Alter für
die Menopause überhaupt sich auf 45,83 Jahre stellt, so wird dasselbe von der früh Menstruirten nicht erreicht, während es sich bei
den spät Menstruirten um ein Jahr verzögert. Möglich, dass dieses Resultat Tilts, welches unserer oben angegebenen Anschauung und Mayer's Angaben widerspricht, ein anderes wäre, wenn
Tilt grössere Zahlen zur Grundlage genommen hätte.

Wir lassen hier Tilts Tabelle vollständig folgen:

Alter zur Zeit der Menopause	Fälle früher Menstruation vom 8. bis 11. Jahre.	Fälle später Menstruation vom 18. bis 22 Jahre
30 Jahre	2	1
31 „	1	—
34 „	1	—
35 „	1	1
37 „	—	—
38 „	1	1
39 „	2	3
40 „	2	1
41 „	1	1
42 „	2	2
44 „	2	3
45 „	3	7
46 „	1	2
47 „	2	3
48 „	1	3
49 „	3	4
50 „	4	
51 „	1	2
52 „	1	—
55 „	1	1
58 „	1	2
	33	37

Durchschnittsziffer der Menopause

Alter	44,6	46,8

Tilt glaubt, dass die Ovarialthätigkeit bei jenen Frauen am

längsten dauert, bei denen die Pubertät spät eintrat. Ein Beweis da
für sei die lange Dauer der Menstruation in den kalten Klimaten,
wo die ersten Menses im Durchschnitte später auftreten, als in den
gemässigten Climaten.

Alexander von Humboldt soll durch seine vergleichende
Studien bei verschiedenen Stämmen Süd - Amerika's zu derselben
Ansicht gekommen sein.

Hannover fand bei seinen Beobachtungen in Dänemark,
dass die Menstruation bei jenen Frauen am spätesten aufhörte, bei
denen sie am frühesten eingetreten war.

W. Guy führt zur Bestätigung des Satzes, dass je zeitiger
die Menstruation beginnt, sie auch um so später aufhört, folgende
Zahlen bei 250 von ihm beobachteten Fällen an:

Die Menstruation begann:

5 Mal im 8. bis 10. Jahre und hörte auf im 45,60 (durchschnittlich),
dauerte daher 36,60 Jahre,
70 Mal im 11. bis 13. Jahre und hörte auf im 45,65 (durchschnittlich),
dauerte daher 33,65 Jahre,
110 Mal im 14. bis 16. Jahre und hörte auf im 45,85 (durchschnittlich),
dauerte daher 30,85 Jahre,
56 Mal im 17. bis 19. Jahre und hörte auf im 46,35 (durchschnittlich),
dauerte daher 28,35 Jahre,
9 Mal im 20. und später, und hörte auf im 41,45 (durchschnittlich),
dauerte daher 20,45 Jahre.

Wir lassen hier Guy's Tabelle vollständig folgen:
In 250 Fällen wurden beobachtet:

der Eintritt der Menstruation;	das Aufhören	daher Menstruationsdauer
1 mal im 8. Jahre	im 42. Jahre	34 Jahre
2 „ „ 9. „	„ 46. „	37 „
2 „ „ 10. „	„ 47. „	37 „
10 „ „ 11. „	„ 47,10 „	36,10 „
29 „ „ 12. „	„ 45,34 „	33,34 „
31 „ „ 13. „	„ 46,16 „	33,16 „
39 „ „ 14. „	„ 45,33 „	31,33 „
30 „ „ 15. „	„ 46,30 „	31,30 „
41 „ „ 16. „	„ 46,14 „	30,14 „
26 „ „ 17. „	„ 45,18 „	28,18 „
19 „ „ 18. „	„ 46,84 „	28,18 „
11 „ „ 19. „	„ 46,18 „	27,84 „
5 „ „ 20. „	„ 40,80 „	20,80 „
3 „ „ 21. „	„ 41,66 „	20,66 „
1 „ „ 23. „	„ 41.	18

Krieger hat aus L. Mayer's Tabellen die Menstruationsdauer von 101 früh Menstruirten mit derjenigen von 180
spät Menstruirten verglichen und zwar hat er zu Jenen alle Solche
gerechnet, die nach vollendetem 13. Jahre ihre ersten Menses bekommen haben. Auch hier findet sich bei den früh Menstruirten
eine grössere Mannichfaltigkeit in der Menstrualfunction, indem
diese zwischen 9 und 46 Jahren variirt, bei den spät Menstruirten
aber nur zwischen 12 und 38 Jahren schwankt. Nahezu die Hälfte
der früh Menstruirten hat eine Dauer der Menstrualfunction von
30, 34, 35, 36, 37, 39 Jahren, die grössere Hälfte der spät Menstruirten eine solche von 23, 27, 28, 30, 31 Jahren. Aus diesen
Tabellen ergibt sich ferner die mittlere Zahl der Menstrualfunction
für die früh Menstruirten auf 33,673 Jahre, für die spät Menstruirten auf 27,344 Jahre, so dass also die ersteren um 6,429 Jahre
länger menstruiren, wie die letzteren.

Da aus den 722 von Mayer gesammelten Fällen, von denen das erste und letzte Auftreten der Menses bekannt ist, die mittlere Dauer derselben auf 30,49 Jahre ermittelt wurde, so würden hienach die früh Menstruirten etwa $3^{1}/_{4}$ Jahre länger, die spät Menstruirten eben so viele Zeit kürzer ihre Katamenien haben, wie die mittlere Dauer beträgt.

Aus Tilt's Tabellen, welche er auf Grundlage von 164 Fällen ausarbeitete, unter denen 76 Frauen ihre erste Menstruation mit 12 bis 17 Jahren und 88 mit 17 bis 19 Jahren bekommen hatten, geht hervor, dass bei den früh Menstruirten die kürzeste Dauer der Menstrualfunction 18, bei den spät Menstruirten die kürzeste Dauer 12 Jahre beträgt, während bei Jenen die längste Dauer auf 37, bei diesen aber nur auf 33 Jahre steigt. Die Mehrzahl der früh Menstruirten hat eine Menstruationsdauer von 28, 31, 32, 33, 34, 35, 36, 38, 39 Jahren, der spät Menstruirten eine Menstruationsdauer von 23, 27, 28, 30, 31. Die Gesammtdauer der Menstruation ist bei den früh Menstruirten grösseren Schwankungen unterworfen, als bei den spät Menstruirten, wo deren Länge eine mehr gleichmässige ist. Zieht man aus den von Tilt angegebenen Ziffern den Durchschnitt, so ergibt sich für die früh Menstruirten eine Menstruationsdauer von 33,66 Jahren, für die spät Menstruirten eine Menstruationsdauer von 28,28 Jahren.

Da die normale Durchschnittsdauer der Menstrualfunction von Tilt auf 31,33 Jahre angegeben ist, so stellt sich bei den früh Menstruirten eine Verlängerung dieser Functionsdauer um 2 Jahre 41 Monate, bei den spät Menstruirten eine Verkürzung dieser Zeit um mindestens 3 Jahre heraus.

von Scanzoni gibt an, dass Frauen, bei denen die Menstruation in sehr früher Jugend z. B. im 10. oder 11. Lebensjahre auftritt, gewöhnlich auch früher als andere in die klimakterische Periode treten, so dass die Menopause schon in das 40. bis 42. Lebensjahr fällt.

Hannover gibt folgende Tabelle, welche das Verhältniss der Menstruationsdauer zu dem Umstande beleuchtet, ob die Menses in einer früheren oder späteren Lebensperiode auftraten:

Jahr des ersten Auftreten der Menses	Zahl der Fälle	Jahr der Menopause	Menstruationsdauer
Das 12. Lebensjahr	5	47,80	35,80 Jahre
13. „	18	45,89	32,89 „
14. „	50	44,98	30,98 „
15. „	34	45,56	30,56 „
16. „	38	44,13	29.13 „
17. „	36	43,00	26,00 „
18. „	49	44,96	26,96 „
19. „	33	44,79	25,79 „
20. „	38	45,36	25,46 „
21. „	10	44.10	23,10 „
22. „	4	43,50	21,50 „
23. „	3	44,33	21,33 „
24. „	4	39,50	15,50 „
Summa	412	44,82	27,97

Puech gibt mehrere Daten zur Bestätigung der Ansicht an, dass die Menstruationsdauer bei Frauen, die frühzeitig ihre Regeln bekommen, eine längere ist. Bei 10 Frauen, die mit 10 Jahren bereits ihre Menstruation hatten, war die Menopause bei 2 im 43. Jahre, bei 1 im 45., bei 2 im 46., bei 2 im 49., bei 2 im 53. und bei 1 mit $54\frac{1}{2}$ Jahren eingetreten.

Nach Cohnstein's auf 400 Beobachtungsfälle sich stützenden Daten trat die Menopause bei früh Menstruirten — vor vollendetem 13. Jahre — um drei Jahre später ein, als bei spät Menstruirten — nach vollendetem 17. Jahre. Die Regelmässigkeit oder Unregelmässigkeit der einzelnen Menstruationen in der Dauer und Wiederkehr gestattet nach Cohnstein keinen Rückschluss auf den späteren oder früheren Eintritt der Menopause. Da sich die Frauen hieher gehörigen Daten nicht immer mit der nöthigen Genauigkeit erinnerten, so ist diese seine Tabelle nicht frei von Fehlerquellen.

3. Die sexuelle Thätigkeit der Frau.

Von Einfluss auf das frühere oder spätere Aufhören der Menstruation und Erlöschen des Geschlechtslebens ist die grössere·

oder geringere sexuelle Thätigkeit der Frau, besonders die häufigere oder seltenere Zahl von Geburten und dann der Umstand der Lactation.

Wir können als Resultat unserer Untersuchungen als feststehend angeben, dass bei Frauen, die sonst gesund und kräftig gebaut sind, deren Menstruation stets regelmässig und hinlänglich reichlich war, deren Sexualorgane in genügender Uebung gehalten wurden, die mehrere Kinder geboren und dieselben selbst gestillt haben im Allgemeinen eine wesentlich längere Dauer der Menstrualfunction vorhanden ist, und die Cessation der Menses viel später eintritt, als bei Frauen, wo die entgegengesetzten Verhältnisse vorherrschten.

Unter den auf die Epoche der Menopause einwirkenden Ursachen ist wohl die bedeutendste und doch sonderbarer Weise von vielen Autoren unbeachtete die Zahl der vorangegangenen Geburten. Bei Frauen, die mehrere Kinder geboren, dauert regelmässig die Zeit der Menstruationsfunction in weit spätere Jahre, als bei kinderlosen Frauen, oder solchen, die nur 1 bis 2 Kinder geboren haben. Das Selbststillen der Kinder hat auch einen die Cessation der Menses auf späteres Alter hinausschiebenden Einfluss. Späte Entbindungen scheinen gleichfalls das Eintreten der klimakterischen Periode, das Aufhören der Menses zu verzögern, während Frühgeburten einen beschleunigenden Einfluss in dieser Richtung haben.

Den Umstand sehr frühen geschlechtlichen Umganges fanden wir als ein Moment, welches den frühen Eintritt der Menopause beschleunigt.

Rasch auf einander folgende Entbindungen begünstigen gleichfalls das frühere Aufhören der Menstrualthätigkeit. —

Unter den Frauen aus meinen Beobachtungsfällen, bei denen die Menopause am spätesten eingetreten war und bei denen sich die längste Dauer der Uterinthätigkeit zeigte, stellte sich in Bezug auf das ätiologische Moment der Geburten folgendes Verhältniss heraus:

Von den 48 Frauen, deren Menopause im Alter von 35 bis zu 40 Jahren eintrat, waren 16 unverheirathet, 6 verheirathet und kinderlos, 18 verheirathet und hatten 1 bis 2 Kinder, 8 verheirathet und hatten mehr als 2 Kinder.

Von den 141 Frauen, deren Menopause zwischen dem 40. und

45 Jahre eintrat, waren 3 unverheirathet, 4 verheirathet, kinderlos, 46 verheirathet und hatten blos 1—2 Kinder, 88 verheirathet
und hatten mehr als 2 Kinder.

Unter den 177 Frauen, deren Menses zwischen dem 45. und
50. Jahre cessirten, waren 1 unverheirathet, 2 verheirathet kinderlos, 32 verheirathet und hatten blos 1—2 Kinder, 142 verheirathet
und hatten mehr als 2 Kinder.

Unter den 89 Frauen, die zwischen dem 50. und 55. Lebensjahre ihre Menses verloren, waren keine unverheirathet oder kinderlos, 19 verheirathet und hatten nur 1—2 Kinder, 70 verheirahet
und hatten mehr als 2 Kinder.

Unter den 17 Frauen, die später als im 55. Jahre ihre Menstruation verloren waren nur 2, die weniger als 2 Kinder hatten,
dagegen 10, die 6 bis 8 Mal geboren hatten.

Raciborski hat durch seine Untersuchungen bereits nachgewiesen, dass die Menstruation um so länger dauere, je mehr Kinder eine Frau geboren. Aus einer grossen Anzahl hieher gehöriger
Beobachtungen stellt Raciborski zwei Kategorien auf, zu der einen
gehören die Frauen, die nicht mehr als 4, als Mittelzahl 2,3 Kinder hatten; zu der anderen jene, die in der Mittelzahl 8,6 Kinder
geboren haben. Bei der ersteren resultirte als Zeit der klimakterischen Epoche das 47., bei der letzteren das 49. Lebensjahr.

Nach Cohnstein erreichen von verheiratheten Frauen 15,5
Percente eine Menstruationsdauer von 29 bis 34 Jahren, von un-
verheiratheten nur 9 Percente. Mehrgebärende zeigen die höchsten
(9%) Procentsätze in der Dauer von 29—32 Jahren. Fällt die
rechtzeitige letzte Entbindung in die Jahre 38—42, so schwankt
die Uterinthätigkeit zwischen 24—33 Jahren, fällt sie zwischen
das 30—38. Lebensjahr, so schwankt die Dauer zwischen 25—28
Jahren; Aborte beschleunigen den Eintritt der Menopause. Die
längste Menstruationsdauer findet sich bei Frauen, welche frühzeitig
menstruirt werden, sich verheirathen, mehr als 3 Kinder gebären,
die Kinder selbst nähren und im Alter von 38—42 Jahren noch
rechtzeitig niederkommen.

Regelmässigkeit oder Unregelmässigkeit scheint nach Cohnstein
keinen Einfluss auf die Menstruationsdauer zu haben, was wir nicht
bestätigen können. Uns ergibt sich vielmehr, dass je regelmässiger
die Menstruation stets erfolgte, um so später die Menopause eintritt.

Die Dauer der Uterinthätigkeit hängt nach dem letztgenannten

Autor wesentlich von der Anzahl der Geburten ab, denn durchschnittlich zeigen Frauen, die mehr als 3 Kinder geboren haben,
die höchsten Percentsätze in der Dauer von 26 bis 32 Jahren.
Ein endgiltiges Ergebniss über den Einfluss der Kunsthilfe bei der
Geburt tritt nicht hervor. Einen wesentlichen Einfluss übt auch
die Lactation. Bei 40 Frauen, welche nicht selbst genährt hätten,
betrug die mittlere Dauer der Menstrualfunction 4 Jahre unter
dem gefundenen Mittel von 27 Jahren.

Recht poetisch klingt, was Alexander (Physiologie der
Menstruation) sagt, allein erwiesen ist es nicht: „Hat die Flamme
die Combustibilien verzehrt, so erlischt sie. Sowie aber die vom
kräftigeren Hauche angefachte Fackel schnell aufflackert und den
Brennstoff verbrancht, so führen auch heftige Begierden, zu häufiger Coitus, der Sonnenbrand, der auch die innere Hitze begünstigt,
schneller dahin, wohin die diesen entgegengesetzten Zustände langsamer gelangen lassen, nämlich zum Ende der Fruchtbarkeit."

4. Die äusseren Lebensverhältnisse.

Die äusseren und socialen Lebensverhältnisse, die Beschäftigungen der Frauen haben gleichfalls Einfluss auf die Dauer der
Sexualfunctionen. Wir können im Allgemeinen sagen, dass diese
bei der arbeitenden Klasse, welche zu grossen körperlichen
Strapazen mit vielen Sorgen genöthigt ist, kürzer ist als bei Frauen,
die günstiger situirt, mit weniger Unbequemlichkeiten zu kämpfen
haben und des Lebens Freuden mehr zu geniessen vermögen.
Das klimakterische Alter tritt bei Frauen der niederen Stände
früher ein, als bei denen der höheren Gesellschaftskreise. Diese
Differenz in Bezug auf die Menstruationsdauer ist indess keine
sehr grosse.

Das mittlere Lebensalter für die Menopause berechnet Mayer
bei den Frauen der höheren Stände auf 47,138 Jahre, bei denen
der niederen Stände auf 46,976 Jahre, woraus also ein durch-
schnittlicher Unterschied von 1 Monat und 28 Tagen folgen würde.
So klein dieser Zeitraum auch erscheint, so vermehrt er doch in
Verbindung mit dem Umstande, dass der Eintritt der ersten Menstruation bei den höheren Ständen um etwa 1,31 Jahre früher erfolgt, als bei den ärmeren Frauen, die Dauer der Geschlechtsthätigkeit im Ganzen um nahezu anderthalb Jahre zu Gunsten der Ersteren.

3 *

Mayer fand bei Berücksichtigung der Lebensstände das Aufhören der Menstruation

	unter 282 Frauen höherer Stände	unter 542 Frauen niederer Stände
im 45. Jahre bei	4,965 pCt.	bei 5,166 pCt.
„ 46. „ „	8,165 „	„ 6,642 „
„ 47. „ „	7,092 „	„ 9,410 „
„ 48. „ „	5,674 „	„ 10,517 „
„ 49. „ „	10,638 „	„ 8,303 „
„ 50. „ „	18,085 „	„ 11,070 „

Derselbe fand, dass

bei Eintritt der Menses		unter den höheren Ständen	unter den niederen Ständen
vom 11. bis 13. Jahre	die	mit 47,535 Jahren,	mit 45,421 Jahren
„ 14. und 15. „	Meno-	„ 46,830 „	„ 47,458 „
„ 16. und 17. „	pause	„ 47,982 „	„ 46,959 „
„ 18. bis 31. „	er- folgte	„ 46,410 „	„ 46,871 „

Es zeigt sich hier auch die Wiederholung der obenerwähnten Wahrnehmung, dass die Menopause bei Frauen niederen Standes früher, als bei den Wohlhabenden und Reichen eintritt. Die auffallende Ausnahme ist in dieser Tabelle bei den seit dem 14. und 15. Jahre menstruirten Frauen der höheren Stände. Allein unter den hieher gehörigen 131 Mayer'schen Fällen befinden sich viele kranke Frauen, bei denen eben ihrer Krankheit wegen die Cessatio mensum ungewöhnlich früh stattgefunden hat. Dennoch haben von ihnen 22,963 pCt. ihre Regeln erst im 50. Jahre verloren.

Siebold (Handbuch zur Erkenntniss und Heilung der Frauenzimmerkrankheiten Wien 1829) hebt schon als Momente, „welche den Normaltypus des Aufhörens der monatlichen Reinigung im höheren Alter verändern" hervor: Die Zeit des ersten Erscheinens, der individuelle Grad von Gesundheit und Constitution, die Verhältnisse, in denen das Weib zur Aussenwelt stand, Diät, Nahrung, Lebensart, der ledige oder unverheirathete Stand, die Einflüsse, welche besonders auf das Genitalsystem einwirkten, öftere Schwangerschaften und Entbindungen.

5. Allgemeine constitutionelle Verhältnisse und Krankheiten.

Wesentlich beeinflusst wird der Eintritt der Menopause durch die Individualität der Frau, ihr Temperament, die constitutionellen Verhältnisse und etwa vorhandene Krankheiten.

Schwächliche Frauen, bei denen die Menses stets spärlich und blass waren, die Menstruation unregelmässig und in grösseren Pausen erfolgt, der ganze Körper zart gebaut ist, erreichen früher die Menopause, als Frauen mit robustem Körperbaue und stets regelmässiger und reichlicher Menstrualthätigkeit und kräftig entwickelten Brüsten. Frauen, welche grosse Neigung zur Fettleibigkeit haben, verlieren in der Regel ihre Menstruation früher als Personen von magerer Constitution.

Alle Momente, die auf den Organismus der Frau schwächend einwirken, besonders starke Gebärmutterblutungen, rasch auf einander folgende Entbindungen, Abortus, aber auch allgemeine Krankheiten wie Cholera, Typhus, Intermittens bewirken frühzeitiges Eintreten der Menopause. Dasselbe gilt von deprimirenden psychischen Einflüssen, ebenso wie von mechanischen und traumatischen Störungen.

Leicht begreiflich ist es auch, dass Erkrankungen des Uterus und der Ovarien, Entzündungszustände, Texturveränderungen und Neubildungen ein früheres Erlöschen der Menstrualfunction bewirken. Wir erörtern diese Momente übrigens ausführlicher bei Betrachtung der frühzeitigen Menopause.

Wenn von mancher Seite angegeben wird und selbst Tilt thut dies theilweise, dass gewisse Krankheiten des Uterus dazu beitragen, die Dauer der Menstruation bis auf eine spätere Lebenszeit zu verlängern, so müssen wir gestehen, dass wir hier nur an eine Verwechslung gewöhnlicher Blutungen mit der Menstruation glauben. Wir können uns nicht denken, dass eine Krankheit des Gebärorganes die Functionsthätigkeit der Ovarien fördern soll, wohl ist uns aber der entgegengesetzte Fall einleuchtend und auch durch die Erfahrung vielfach bestätiget.

Wenn in Dupuytren's Fällen von Polypen des Uterus die „Menstruation" eine ungewöhnlich bis ins späte Alter dauernde war, so wird wohl Jeder gleich an einfache Gebärmutterblutung danken und wir müssen dieselbe auch annehmen, wenn Tilt hiegegen betont, er habe oft Hypertrophie des collum uteri und an

dere Uterinalleide ncoincidirend gefunden mit einem ungewöhnlich
protrahirten Menstrualblutflusse.

Gerade aus einem protrahirten, wirklichen Menstrualblutflusse
glauben wir auf ein gewisses Intactsein des Uterus und der
Ovarien, auf eine höhere Vitalität der Sexualorgane und auf
einen grösseren Grad von allgemeiner wie sexueller Gesundheit
schliessen zu können.

Resumiren, was im Vorhergehenden über die Abhängigkeit
des Eintrittes der Menopause und demgemäss auch der
Dauer der Menstruationsthätigkeit von den verschiedenen
Momenten gesagt würde, so lässt sich das kurz in folgenden Sätzen
zusammenfassen:

1) Die Menopause tritt in Europa im Allgemeinen in den nörd-
lichen Ländern später ein als in den südlichen. Die Dauer der
Menstrualfunction ist im Norden länger, im Süden hingegen auf
kürzere Zeit bemessen. Es scheint, dass in jenen Klimaten, wo
die Menstruation zeitlich auftritt, dieselbe auch in einem früheren
Alter cessirt, hingegen dort, wo die Periode erst spät eintritt, die
Menopause auch erst in späterer Zeit zu Stande kömmt.

2) Frauen, bei denen die erste Menstruation im Alter
zwischen 13 bis 16 Jahren auftrat (also frühzeitig) treten später
in das klimakterische Alter und haben eine längere Dauer der
Menstrualfunction als Frauen, bei denen die ersten Menses sich
zwischen dem 17—20. Lebensjahre (also spät) zeigten. Ungewöhnlich, abnorm frühes Eintreten der ersten Menstruation, wie ungewöhnlich später Eintritt dieses Pubertätszeichens wirken in gleicher
Weise beschleunigend auf die Menopause.

3) Frauen, deren Sexualorgane in genügender Thätigkeit
waren, die mehrere Kinder geboren und selbst gestillt haben, treten später in das klimakterische Alter und haben eine längere Dauer
der Menstrualfunction aufzuweisen, als wo die entgegengesetzten
Verhältnisse vorherrschten. Sehr frühzeitiger sexueller Umgang beschleunigt den frühen Eintritt des klimakterischen Wechsels. Dasselbe gilt von rasch auf einander folgenden Entbindungen oder
sehr schweren Wochenbetten.

4) Die Menopause tritt bei Frauen der niederen schwer arbeitenden Gesellschaftskreise früher ein als bei Wohlhabenden und Reichen; körperliche Strapazen, wie geistige Anstrengung,
Kummer und Sorgen bewirken früheres Eintreten der Menopause.

5) Schwächliche stets kränkelnde Frauen gelangen früher in das klimakterische Alter als kräftig gebaute, immer gesunde Individuen. Wo Unregelmässigkeiten und Beschwerden bei jedesmaliger Menstruation vorhanden sind, tritt ein früheres Erlöschen dieser Geschlechtsfunction ein, als wo die Menstrualthätigkeit ganz regelmässig erfolgte. Gewisse constitutionelle Verhältnisse, wie z. B. hochgradige Fettleibigkeit, gewisse acute Krankheiten, wie Cholera, Typhus, Intermittens und gewisse Erkrankungen des Uterus wie z. B. chron. Metritis bewirken frühzeitige Menopause.

II. Capitel.

Später und frühzeitiger Eintritt des klimakterischen Alters.

~~~~~~~~~~

Aus den bisher angeführten Daten über das verschiedene Eintreten der Menopause bei Frauen der verschiedenen Nationalitäten, aus verschiedenen Ständen und unter den verschiedenen äusseren Einflüssen hat sich wohl als Durchschnittsresultat uns Folgendes ergeben:

Im Allgemeinen erfolgt das Aufhören der Menses im Alter zwischen dem 40. und 50. Jahre. Die mittlere Dauer des Bestehens der Menstruation ist 28 bis 30 Jahre und die Durchschnittszeit der die Menopause begleitenden Zufälle 2 bis 3 Jahre. Die überwiegend häufigste Zeit für das Aufhören der Menstruation ist das Alter zwischen 46 und 50 Jahren, diesem kömmt zunächst an Häufigkeit das Alter von 41 bis 45 Jahren. In die Zeit vom 51. bis zum 55. Jahre fällt die Menopause häufiger als in die Zeit vom 36 bis zum 40. Jahre und nur ein geringer Bruchtheil der Frauen verliert vor dem 35 oder nach dem 55. Jahre die Menses gänzlich.

Es sind indess in der Literatur mehrfach Fälle verzeichnet, welche eine weit über diese Jahre hinaus sich erstreckende Dauer der Menstrualthätigkeit und des Geschlechtslebens überhaupt darthun und ein auffällig spätes Eintreten des klimakterischen Alters constatiren, sowie anderseits wieder dieses sich bereits in einer unerwartet frühzeitigen Lebensperiode der Frau kund zu geben vermag.

Als Zeichen des späten Eintretens des klimakterischen Alters muss die zuweilen über das 50. Jahr noch fortdauernde Menstruation betrachtet werden. Allein hier ergiebt sich die Schwierigkeit eine wirkliche Menstrualblutung von den verschiedenen Uterinalblutungen zu unterscheiden, welche gerade in diesem Alter nicht selten sind — sie mögen in Texturerkrankungen des Uterus oder Neubildungen desselben ihren Grund haben — und zuweilen eine gewisse Periodicität zeigen.

In allen solchen Fällen ist es nothwendig, dass man, bevor man den Ausspruch thut, es sei noch die Menstruation vorhanden, die Blutung beobachte, den Uterus und seine Nachbarorgane untersuche, vorzüglich auf das Vorhandensein von Ulcerationen und Polypen reagire. Es genügt uns nicht der Ausspruch Courty's: „Stets, wenn der Blutfluss sich unter den gewöhnlichen Erscheinungen allmonatlich einstellt, die Pausen nicht länger und nicht kürzer als gewöhnlich sind, die Menge des Blutes nicht zu reichlich und nicht zu gering ist, kann man annehmen, dass dies die wirkliche Menstruation ist." von Scanzoni erklärt, er würde nur dann eine im höheren Alter erfolgende Blutung aus den Genitalien für eine menstruale halten, wenn um die gewöhnliche Zeit der klimakterischen Periode kein längeres Versiegen der blutigen Ausscheidung erfolgt ist, wenn die dazwischen liegenden Intervalle kaum merkliche Abweichung von ihrer früheren Dauer darbieten, wenn die Menge des entleerten Blutes weder ungewöhnlich reichlich, noch auffallend spärlich ist, wenn der Hämorrhagie eine grössere oder geringere Reihe der bekannten die Reifung der Eier begleitenden Erscheinungen vorangeht und wenn endlich keine Krankheit weder in den Genitalien, noch sonst in einem anderen Organe nachweisbar ist. Aber nicht bloss die Menstruation, sondern das wirkliche Eintreten vollständig normaler Gravidität und regelmässiger Entbindung in vorgerückten Jahren zeigt in unwiderleglicher Weise von der Möglichkeit eines sehr späten Eintretens des klimakterischen Alters.

Wir haben schon weiter oben eigene und fremde Beobachtungen über die weit über das 50. Jahr hinaus sich erstreckende Menstrualthätigkeit der Frauen angeführt und es seien hier noch einige solche Daten angegeben:

Beigel fand unter 126 Fällen von Frauen, die zu menstruiren aufgehört hatten, 9 Fälle, bei denen dieses Ereigniss nach dem 50. Jahre eingetreten war und zwar:

Im 51. Lebensjahr bei 1 Individuum

„ 52.   „   „ 2   „

„ 53.   „   „ 1   „

„ 51.   „   „ 1   „

„ 55.   „   „ 2   „

„ 65.   „   „ 1   „

„ 72.   „   ‘ „ 1   „

Brierre de Boismont hat den Fall einer 72jährigen unver-
heiratheten Person mitgetheilt, welche noch menstruirt war und
deren Geschlechtsorgane sich vollkommen gesund zeigten. Gar-
dien erwähnt in seinem Traité des accouchements einer Frau,
welche im 75. Jahre noch „vollkommen menstruirt war". Blan-
card führt Beispiele an, wo die Menses bis zum 80., 100., ja bis
zum 106. Jahre fortdauerten.   Sarazin erwähnt solcher Frauen,
denen die Menses bis zu ihrem 70. ja bis zum 95. Jahre „in guter Ordnung" geblieben waren. Tilt führt zwei Frauen an, in
denen die Menses erst im 64. Jahre cessirten. Mayer beobachtete
3 Fälle, in denen die Menses noch im 64. Jahre gesehen wurden
und Courty einen Fall, wo die Menstruation erst nach dem
65. Jahre stattfand.

Nach v. Scanzoni sind die Fälle, wo Frauen in ihrem 50. Jahre
noch regelmässig menstruirt sind, nicht gar so selten; über dieses
Alter hinaus jedoch komme die an bestimmte Perioden gebundene
mit der Ovulation in causalem Zusammenhange stehende Genitalblutung selten vor. Die älteste Frau, bei welcher er eine Blutung,
die als menstruale zu deuten war, zu beobachten Gelegenheit hatte,
zählte 53 Jahre; eine zweite Frau, welche noch in ihrem 61. Jahre
eine ziemlich regelmässig wiederkehrende Hämorrhagie aus den
Genitalien darbot, starb während einer solchen an Pneumonie und
die Section wies ganz atrophische, gleichsam in ein dichtes Narben-
gewebe umgewandelte Ovarien ohne die geringste Spur eines cor-
pus luteum oder eines frischeren Blutextravasates nach, während
sich am oberen Theile der Cervicalhöhle des Uterus zwei etwa
bohnengrosse Schleimpolypen vorfanden.

In einem dritten Falle, welcher eine 64jährige Frau betraf,
war die Menstruation von ihrem 48. bis ·52. Lebensjahre vollständig ausgeblieben, von da an stellten sich Blutungen in Zwischenräumen von 3 bis 4 Wochen ein, welche bis zu ihrem Tode wie-
derkehrten. Die Frau litt an Insufficienz und Stenose der Mitral-

klappe des Herzens und es waren die im System der aufsteigenden Hohlvene hervorgerufenen Kreislaufshemmungen in der Leiche nicht zu verkennen und diese mögen wohl auch die Ursache der erwähnten Genitalblutung gewesen sein, indem auch hier die Ovarien sich bereits in einem atrophischen Zustande befanden und keine Spur einer im Laufe der letzteren Zeit stattgehabten Reifung eines Eies an sich trugen. Der Uterus erschien vergrössert, aufgelockert, die Schleimhaut hyperämisch und seine Höhle enthielt ein noch ziemlich frisches Blutgerinnsel.

Diese Scanzonischen Fälle zeigen, wie vorsichtig man mit der Deutung derartiger Beobachtungen zu Werke gehen muss; sie liefern aber auch einen Beleg dafür, dass eine gewisse Periodicität der Genitalienblutung im höheren Alter keineswegs als ein Beweis des menstrualen Ursprunges derselben zu betrachten sei. Einen nachtheiligen Einfluss des verspäteten Aufhörens der Menstruation auf die Gesundheit hat Scanzoni niemals beobachtet, mit Ausnahme jener Fälle, wo die Blutung ungewöhnlich profus war und einen anämischen Zustand zur Folge gehabt hatte.

Uebrigens ist es nichts Seltenes, dass die menstruale Ausscheidung im höheren Alter reichlicher erfolgt, als es in den jüngeren Jahren der Fall war. Gewiss liegt hier in vielen Fällen die senile Rigidität und Brüchigkeit der Gebärmuttergefässe zu Grunde, welche nicht im Stande sind, dem, auf ihre Wände einwirkenden Blutdrucke den nöthigen Widerstand zu bieten, und so eine ausgedehntere Rhexis und einen reichlicheren Blutaustritt begünstigen.

Lamotte erzählt von einer Frau, die, nachdem sie 32 Kinder geboren hatte, bis in ihrem 62. Lebensjahre noch regelmässig menstruirt war. Auber hörte von zwei Frauen, die eine im Alter von 68, die andere von 80 Jahren, dass sie bis vor fünf Jahren ihren Menstrualblutfluss regelmässig gehabt hatten. Capuron erwähnt einen Fall, wo die Menstruation, welche einige Zeit ausgeblieben war, im 65. Jahre wieder eintrat.

Krieger betont, dass bei alten Frauen Blutungen mit einer gewissen Unregelmässigkeit eintreten können, die zwar einige Aehnlichkeit mit menstruellen haben, solche aber in der That nicht sind, sondern von einer tief im Uterus liegenden Ulceration, von varicösen Gefässen im Cervicalkanal oder von Polypen herrühren können. Er hat selbst eine Dame behandelt, die, nachdem sie mit 14 Jahren ihre erste Menstruation bekommen, acht Kinder gehabt und im

48. Jahre ihre Regeln verloren hatte, erst nach dem 80. Jahre wieder anfing ziemlich regelmässig alle vier Wochen eine mehrtägige Blutung zu bemerken. Dieselbe empfand jedesmal zuvor Kreuzschmerzen und Ziehen in den Oberschenkeln und zeigte während der Dauer der Blutung eine ungewöhnlich grosse nervöse Reizbarkeit. Bei der Untersuchung fand Krieger einen Polypen von der Grösse einer Kirsche, der mit einem langen Stiele am Fundus uteri befestigt war. Derselbe schwoll von Zeit zu Zeit an, collabirte aber nach jeder Blutausscheidung.

Unzweifelhaft können viele von den bezeichneten Fällen von Menstruation im höheren Alter auf den Namen einer Menstrualblutung keinen Anspruch machen, indem früher alle möglichen Blutungen in diese Kategorie eingereiht wurden; aber nicht geläugnet kann werden, dass ein blutiger, sich an gewisse Perioden des Auftretens haltender Ausfluss auch in vorgerückten Jahren ohne krankhafte Ursachen noch vorkommen kann.

Einen weit sichereren Massstab für die Uterinthätigkeit im höheren Alter gibt die Fruchtbarkeit um diese Zeit, über welche einzelne interessante Daten vorhanden sind, wie sie Haller, Schurig u. A. anführen, und wie sie schon in alter Zeit angegeben werden. So soll ja Cornelia in ihrem 62. Jahre von Valerius Saturnius entbunden worden sein.

Haller erzählt zwei Fälle, in denen Frauen, die eine im 63., die andere im 70. Jahre Kinder geboren haben. Meissner hat eine Frau in ihrem 60. Jahre von ihrem siebenten Kinde entbunden.

Thibaut de Chauvalon erzählt in seinen Reisebeschreibungen, dass Weiber von Martinique und Guadeloupe (obgleich sie früh menstruirt seien) manchmal noch sehr spät concipiren; so berichtet er von einer 95jährigen Frau, deren 5jährige Tochter er selbst gesehen hatte.

Rush (Burdach's Physiologie) sah eine Frau, die im 60. Jahre niedergekommen war, bis zu ihrem 80. Jahre ihre Regeln gehabt hatte und im 84. Jahre starb.

Dewees sah eine 61 Jahre alte Wöchnerin. In Deutschland scheinen solche Fälle seltener zu sein. Riecke berichtet in seiner geburtshilflichen Topographie von Würtemberg, dass unter 66 Wöchnerinnen 1 im Alter von 45 Jahren und unter 5500 nur 1 im

Alter von 50 Jahren war. Mende und Bernstein führen Fälle von Geburten in den sechziger Jahren an. Fielitz berichtet von einer gesunden Taglöhnerfrau, die Mutter mehrerer Kinder war, dass sie im 46. Lebensjahre die Menstruation verloren, im 59. wieder bekommen, im 60. noch einmal geboren, ihr Kind 6 Monate lang gestillt und noch hoch in die siebziger Jahre gelebt habe.

Für den Norden sind solche Ziffern ungleich häufiger. In Dänemark weisen die offiziellen statistischen Tabellen nach, dass 4,65 von 10000 Frauen im Alter zwischen 50 und 55 Jahren entbunden worden sind. In Schweden sind 300 von 10000 Müttern mehr als 50 Jahre alt zur Niederkunft gekommen. In Irland war dieses Alter bei der Entbindung bei 3,45 von 10000 Müttern nachweisbar. In England waren nach dem offiziellen Berichte unter 483,613 entbindenden Frauen nicht weniger als 7022 im Alter zwischen 45 und 50 Jahren, 49660 im Alter von 40 bis 45 Jahren und 167 im Alter über 50 Jahre.

Es waren nämlich bei Geburt der Kinder die Mütter weniger als 20 Jahre alt in 8301 Fällen

im Alter von 20 bis 25 Jahren in						70,924	„
„	„	„	25	„	30	„	„ 121,781	„
„	„	„	30	„	35	„	„ 126,808	„
„	„	„	35	„	40	„	„ 98,950	„
„	„	„	40	„	45	„	„ 49,660	„
„	„	„	45	„	50	„	„ 7022	„
„	„	über 50 Jahre					167	„

Für Schweden und Finnland zeigt die folgende Tabelle ähnliche Resultate:

Von Müttern im Alter von 15 bis 20 Jahren wurden 3,298 Kinder geboren

„	„	„	„	„	20	„	25	„	„ 16,507	„
„	„	„	„	„	25	„	30	„	„ 26,329	„
„	„	„	„	„	30	„	35	„	„ 25,618	„
„	„	„	„	„	35	„	40	„	„ 18,093	„
„	„	„	„	„	40	„	45	„	„ 8,518	„
„	„	„	„	„	45	„	50	„	„ 1,694	„
„	„	„	„	„	50	„	55	„	„ 39	„

Unter den von Robertson in den Entbindungsanstalten von Manchester und Salford beobachteten 10000 Fällen von Schwangerschaft waren nur 49 im Alter über 45 Jahre. (Robertson, Physiology and dicases of Women). Und zwar vertheilten sich diese Fälle in folgender Weise:

Im 46. Jahre 12 Fälle
„ 47. „ 13 „
„ 48. „ 8 „
„ 49. „ 6 „
„ 50. „ 9 „
„ 52. „ 9 „
„ 53. „ 1 Fall
„ 54. „ 1 „

Davies hat eine Frau in ihrem 53. Lebensjahre von ihrem 13. Kinde entbunden und eine andere Frau beobachtet, die in ihrem 55. Jahre regelmässig geboren hatte und dann noch eine längere Zeit menstruirt war.

Das höchste Alter, in welchem Schwangerschaft in England beobachtet wurde, ist demnach das vierundfünfzigste Lebensjahr. In einem sehr wichtigen Falle, welcher in England im Court of Chancery zur Entscheidung kam, konnte der Beweis nicht geführt werden, dass Empfängniss im 60. Jahre möglich sei.

In Schottland wurde jüngst (Times 1862) ein Fall registrirt, in dem eine Frau in ihrem 57. Lebensjahre ein Kind geboren hat; ferner Fälle, in denen 2 Frauen im Alter von 51 Jahren und 4 im Alter von 52 Jahren geboren haben (Hewitt's Diagnose, Pathologie und Therapie der Frauenkrankheiten).

Marion Sims sah im Staate Alabama ein 58 bis 60 Jahre altes Negerweib, das in diesem Alter Mutter wurde, nachdem es länger als 20 Jahre keine Kinder gehabt haben soll. Ebenso sah er eine 23 Jahre lang verheirathete Frau, deren Leiden im Beginne der klimakterischen Zeit als Krebs-Beckengeschwulst betrachtet wurde und sich schliesslich als Schwangerschaft herausstellte.

Casper erzählt in seinem Handbuche der gerichtlichen Medicin, dass ein Arzt in Venedig Marsa eine 60 Jahre alte Frau an Wassersucht behandelte, welche sich später als Schwangerschaft herausstellte.

Montgomery erklärt keinen Fall zu kennen, in welchem klar erwiesen worden, dass Schwangerschaft nach dem 54. Lebensjahre stattgehabt hätte, doch will er die Möglichkeit einer Schwangerschaft in diesem Alter durchaus nicht bestreiten. Capuron citirt einen Fall, wo bei einer 65. Jahre alten Frau Schwangerschaft eingetreten war. Der Menstrualfluss sei bei ihr wiedergekehrt, nachdem sie denselben zur gewöhnlichen Zeit verloren hatte. Drei Monate später habe dieselbe abortirt und der Fötus sei wohlgebildet gewesen. Interessant sind Taylor's Angaben (in seiner gerichtl. Medicin) über 436 Schwangere (unter 10000), welche sich in einem höheren Alter als von 40 Jahren befanden. Es waren nämlich von diesen 436 Schwangeren

101 im 41. Lebensjahre
113 „ 42. „
70 „ 43. „
58 „ 44. „
43 „ 45. „
12 „ 46. „
13 „ 47. „
8 „ 48. „
6 „ 49. „
9 „ 50. „
1 „ 52. „
1 „ 53. „
1 „ 54. „

Im Allgemeinen geht aus allen angegebenen Beobachtungen hervor, dass das 45. Jahr wohl als Abschluss der Fruchtbarkeit des Weibes gelten kann, dass aber genau constatirte Fälle Ausnahmen bilden, welche diesen Termin noch weit hinauszuschieben vermögen.

Aus den Tabellen der in Irland geschlossenen Heirathen geht hervor, dass die Ehen, welche Frauen im Alter von 40 bis 55 Jahren eingegangen waren, zur Hälfte fruchtbar waren, wenn die Ehemänner ein Alter zwischen 17 und 35 Jahren hatten, dass aber die Fruchtbarkeit natürlicher Weise sich allmälig verminderte, je älter die Männer waren. Es geht ferner hervor, dass der fünfte Theil der Frauen, die bei Eingehung der Ehe mehr als 55 Jahre zählten, noch Kinder bekamen, wenn deren Männer älter als 35 und jünger als 45 Jahre waren, dass aber sogar noch 12 pCt. der Ehen fruchtbar waren, wenn beide Ehegatten mehr als 55 Jahre zählten.

Zuweilen weist auch der Sectionsbefund nach, dass die Sexualthätigkeit eine lange dauernde war. So fanden Bouvier und Brierre de Boismont bei einer 72. Frau, die zur Section kam, die Ovarien wie die übrigen Sexualorgane vollsaftig und rund wie bei einem Mädchen von 18 Jahren. (!) Allerdings wäre hier eine nähere Beschreibung der Beschaffenheit der Ovarien, namentlich in Bezug auf den Follikel erwünscht.

In nicht seltenen Fällen kömmt es vor, dass die Menopause bereits eingetreten ist, die Menses ausgeblieben sind, dass aber eingetretene Schwangerschaft trotzdem den unumstösslichen Beweis liefert, dass das Geschlechtsleben des betreffenden Weibes noch nicht ganz erloschen ist. Es muss hier offenbar die Einbildung noch von Statten gehen, nachdem die Blutausscheidungen ihr Ende erreicht haben.

So erzählt Tilt von einer Frau von 47 Jahren, sie habe ihr neuntes Kind entwöhnt und darauf noch einige Male die Regeln gehabt. Neun Monate, nachdem diese aufgehört hatten, concipirte sie von Neuem und kam mit dem 10. Kinde rechtzeitig nieder.

Lemoine hat Schwangerschaft bei einer Frau von 46 Jahren beobachtet, die seit 3 Jahren ihre Regeln verloren hatte, und Renaudin erzählt, er habe eine Dame von 61 Jahren entbunden, welche seit 10 oder 12 Jahren nicht mehr menstruirt war.

Krieger citirt einen von Mayer beobachteten merkwürdigen Fall von sehr frühzeitiger Menopause, nach deren Eintritt noch mehrere Schwangerschaften erfolgen. Eine kräftige Arbeiterfrau von 33 Jahren menstruirte regelmässig vom 13. Jahre an, gebar vom 17. bis 28. Jahre 5 Kinder und abortirte einmal im 19. Jahre. Mit 29 Jahren Wittwe geworden, kränkelte sie viel und bot bei der Untersuchung einen kleinen schlaffen Uterus dar, dessen Vaginal-Portion nur ein Rudiment war. Vom 22. Jahre an zeigte sich bei der Frau beständige Leukorrhoe, aber keine Spur eines Menstrualflusses mehr und doch hat dieselbe nachher noch 3 Kinder geboren.

Krieger hatte selbst in seiner Praxis eine Frau von robustem Körperbau, die das letzte ihrer acht Kinder vor 15 Jahren geboren hatte, als die Menses im 48. Jahre cessirten. Zwei Jahre später stellten sich unregelmässige Menstrualblutungen ein, und als diese wieder aufhörten, war die Frau gravida und kam rechtzeitg mit einem Mädchen nieder.

Puech berichtet einen interessanten Fall. Eine Frau verlor ihre Periode im 40. Jahre, diese blieb bis zum 46. Jahre aus, dann traten die Regeln durch 1 Jahr auf und verschwanden definitiv in Folge einer Schwangerschaft, welche mit der normalen Geburt eines gesunden Kindes endete.

Vielfach wird berichtet, dass die Menstruation im klimakterischen Alter cessirte und dann nach einer längeren Pause wieder eintrat. Es ist jedoch hier genaue Unterscheidung nöthig, ob die Blutung wirklich als eine menstruelle bezeichnet werden kann, oder ob sie nicht pathologischer Natur ist. Es kommen nämlich hier nicht selten Blutungen vor, welche von Gebärmutterpolypen, varicösen Gefässen im Cervicalcanal, tief im Uterus liegenden Ulcerationen etc. herrühren. In manchen Fällen allerdings lässt sich die menstruelle Blutung als solche nicht läugnen.

Von 136 Frauen, bei denen Brierre de Boismont Beobachtungen zur Zeit der Menopause sammelte, wurden 17 nach einem Zeitraume der zwischen 2 und 22 Jahren variirt, wieder von Gebärmutterblutungen befallen.

Roberton erzählt von einer Frau, die um ihr 50. Jahr zu menstruiren aufhörte. Nach Jahresfrist stellte sich der Menstrualfluss wieder ein und dauerte bis zum 70. Jahre.

Meissner berichtet nach Masius, dass eine Frau, deren erste Menstruation mit 20 Jahren eintrat, mit 47 ihr erstes Kind bekam und das letzte von 7 folgenden Kindern mit 60 Jahren. Die Menstruation hörte auf, erschien aber mit 75 Jahren wieder, dauerte bis 98 regelmässig fort, blieb dann fünf Jahre aus und erschien in dem 104. Jahre von Neuem.

Auber sagt, er habe zwei Frauen behandelt, eine von 68, die andere von 80 Jahren, welche in den letzten Jahren wieder angefangen hatten zu menstruiren. Die Blutungen erschienen regelmässig, dauerten 3 bis 4 Tage und die Frauen waren während dieser Zeit nervöser wie gewöhnlich.

Muynk und Kluyskens theilen folgenden Fall von Wiederkehr der Menstruation im hohen Alter mit: Eine 62jährige Nonne wurde nach dem Aufhören der Menstruation von einer Gastralgie befallen, die nach fruchtloser 9jähriger Behandlung erst mit der Wiederkehr der Menstruation verschwand. Diese erschien seither regelmässig alle 4 Wochen und die Dame, bereits 73 Jahre, alt erfreut sich jetzt einer vollkommenen Gesundheit. Ferner erzählen dieselben Autoren von einer anderen Nonne, die im 52. Jahre ihre Menstruation verlor und erst im 60. Jahre dieselbe regelmässig monatlich wiederkehrend erhielt.

Saxonia erzählt von einer Nonne, dass ihr Menstrualfluss zur gewöhnlichen Zeit aufgehört hatte, sie aber im 100. Jahre dessen Rückkehr bemerkte und dass derselbe sich regelmässig bis zu ihrem im 104. Jahre erfolgten Tode wiederholte.

Burdach und Busch vergleichen dieses Wiederauftreten der Menstruation im hohen Alter mit dem Erscheinen neuer Zähne bei Greisen. — — —

Die Geschlechtslust des Weibes, der sexuelle Trieb scheint die Jahre der Cessation der Menses, wie die Zeit der möglichen Fruchtbarkeit mit zu überdauern.

Wenigstens deuten schon darauf die vielen Ehe hin, welche von Frauen im höheren Alter geschlossen werden.

Nach dem englischen Heirathsregister betrug im J. 1855 das Alter der Bräute

> 46—50 Jahre in 435 Fällen
> 51—55   „   „ 219   „
> 56—60   „   „ 89   „
> 61—65   „   „ 22   „
> 66—70   „   „   7   „
> 71—75   „   „   3   „
> 76—80   „   „   3   „

In Preussen betrug (1838) die Zahl der Bräute, welche über 45 Jahre alt waren 2,583 pCt., in England (1851) 1,380 pCt., in Irland (1831—41) 0,315 pCt., in Schweden (1831—55) 1,536 pCt.

Interessant sind die aus den Tabellen des Dr. Routh über die Fruchtbarkeit in Irland hervorgehenden Ziffern, dass sich im Zeitraume von 10 Jahren daselbst Frauen im Alter von 46 bis 55 Jahren verheiratheten mit

> Männern im Alter von weniger als 17 Jahren   1 Mal
>   „   „   „   „   17 bis 25   „   35   „
>   „   „   „   „   26 „ 35   „   145   „
>   „   „   „   „   34 „ 65   „   227   „
>   „   „   „   „   48 „ 55   „   426   „
>   „   „   „   „   mehr als 55   „   295   „

Ferner dass sich Frauen im Alter über 55 Jahren verheiratheten mit

Männern im Alter von weniger als 17 Jahren 1 Mal

" " " " 17 bis 25 " 3 "

" " " " 26 " 35 " 12 "

" " " " 36 " 45 " 15 "

" " " " 46 " 55 " 52 "

" " " " mehr als 55 " 136 "

In Böhmen zählte im Jahre 1872 die älteste Braut nicht weniger als — 86 Jahre.

Im Gegensatze zu dem eben besprochenen späten Eintreten des klimakterischen Alters tritt zuweilen die Menopause, das Aufhören der Menstrualthätigkeit, in einer sehr frühen Lebensperiode ein. Der Grund liegt theils in gewissen constitutionellen Veränderungen, Störungen des gesammten Organismus, theils in lokalen Ursachen, Erkrankungen im Gebiete der Sexualorgane.

Unter den constitutionellen Störungen, welche eine frühzeitige Menopause in auffälligster Weise hervorbringen, steht nach unseren Erfahrungen in erster Linie die übermässige Fettbildung, Obesitas nimia. Cholera, Typhus, Intermittens bewirken gleichfalls nicht selten einen frühzeitigen Stillstand der Ovarialthätigkeit. Diese wird ferner auch zuweilen durch mechanische Momente, Traumen, Sturz, Schlag u. s. w. veranlasst oder endlich durch psychische Einflüsse, heftige Gemüthserregungen, Kummer, Schreck bedingt sein.

Uebermässige Fettbildung übt unläugbar einen hemmenden Einfluss auf die Ovarialthätigkeit, sei es direkt oder indirekt. (Es ist ein alter Erfahrungssatz, der sich im Pflanzen - wie im Thierreiche bestätiget, dass übermässige Fettbildung die Fruchtbarkeit beeinträchtigt). Cholera, Typhus, Intermittens, sowie zuweilen Abortus oder schwere Wochenbetten können frühzeitige Menopause durch lähmende Einwirkung auf die Lebenseuergie der Ovarien und des Uterus herbeiführen. Frauen, bei denen dieser Vorgang stattfindet, sind in der Regel an sich schon schwächlich „es scheint, sagt Krieger, als ob die Natur diese Gelegenheit benutze, um sie mit einem Male von den periodischen, ihre Kräfte jedesmal angreifenden Blutungen zu befreien". Bei Gemüthsbewegungen oder mechanischen Veranlassungen, die frühzeitige Menopause herbeiführen, kommt es in einer solchen gewaltigen erschütternden Einwirkung auf das Nervensystem, dass von diesem Zeitpunkte an die Nervenerregung nicht mehr zu Stande kömmt, welche die eigenthümliche Lebensäusserung der Sexualorgane ermittelt.

4 *

Wir werden diese Momente noch bei Besprechung des plötzlichen Aufhörens der Menstrualthätigkeit hervorheben. Hier sei
besonders der übermässigen Fettleibigkeit als Veranlassung auffallend frühzeitiger Menopause erwähnt.

Unter 215 Fällen von Obesitas nimia bei Frauen fanden wir
49mal frühzeitige Menopause. Diese tritt zumeist dann ein,
wenn die Fettentwicklung hochgradig und in rascher Weise erfolgte. Wir sehen dies auffallend an folgenden Fällen unserer
Beobachtung:

Frau G. G., 21 Jahre alt, gibt an, bis vor 8 Jahren gesund und
gleich ihren Verwandten mager gewesen zu sein. Mit 15 Jahren
bekam sie ihre Menstruation, die bis zu ihrer Erkrankung regelmässig blieb. Vor 5 Jahren hatte sie Intermittens. Seit 2 Jahren
bemerkte sie auffallende Fettzunahme, gegen die sie die verschiedensten Mittel anwendete. Seit dieser Zeit wurden die Menses spärlicher und blieben dann ganz weg. Die Untersuchung ergab,
bei einem Körpergewichte von 190 Wiener Pfund kolossale Fettansammlung, in den Sexualorganen kein krankhafter Zustand. Voll-
ständiges Aufhören der Menstruation.

Frau S. aus Preussen, 28 Jahre alt, war stets gesund, vollkommen regelmässig menstruirt, seit 6 Jahren verheirathet, Mutter
eines Kindes. Aeussere Verhältnisse brachten vor 4 Jahren eine
Aenderung ihrer Lebensweise mit sich, wodurch sie viel zu Hause
sass oder im Wagen fuhr, statt zu Fusse zu gehen, dabei reichliche, besonders süsse Kost genoss. Seit 3 Jahren hat ihr Embonpoint auffallend zugenommen. Sie wiegt jetzt 136 Pfund und seit
jener Zeit wurde auch die Menstruation unregelmässig und spärlich, bis sie seit mehr als Jahresfrist gänzlich ausblieb.
Die Untersuchung der Sexualorgane ergibt ausser einer leichten
Anteversio Uteri nichts Abnormes.

Mme C. aus der Moldau, 32 Jahre alt, war bis vor 5 Jahren
vollständig gesund, regelmässig menstruirt, Mutter von 2 Kindern.
Eine Distorsion im Fussgelenke nöthigte sie vor 5 Jahren durch
mehrere Monate das Bett zu hüten. Seitdem hatte die bis zu jener Zeit schlanke Frau an Fettleibigkeit auffallend zugenommen
und jetzt hat sie ein Körpergewicht von 172 Pfund. Von jener
Zeit an sind auch die Menses spärlicher geworden, traten in grösseren Pausen auf und sind nun seit mehr als 2 Jahren gänzlich
weggeblieben. Concipirt hat die Frau seit damals nicht mehr.

Interessant und gewiss selten ist folgender Fall von frühzeitiger Menopause bei Obesitas.

Frau P. aus Ungarn (Jüdin) 17 Jahre alt, seit 9 Monaten verheirathet, hat seit frühester Jugend Neigung zu übermässiger Fettentwickelung. Im neunten Lebensjahre war sie bereits menstruirt. Mit zunehmender Fettleibigkeit wurden die Menses immer spärlicher und seit mehr als $1^{1}/_{2}$ Jahren sind sie gänzlich ausgeblieben. Gegenwärtig beträgt das Körpergewicht 170 Pfund. Die Untersuchung der Genitalien ergibt leichte Anteversio uteri und beträchtliche Schlaffheit des Cervicalgewebes.

Von den 49 Fällen unserer Beobachtung, wo durch Obesitas uinia frühzeitige Menopause eingetreten war, befanden sich:

Im Alter von   17 Jahren   1
   „   „   „   20—25   „   14
   „   „   „   25—30   „   11
   „   „   „   30—35   „   9
   „   „   „   35—40   „   14

Tilt hat die Ursache frühzeitiger Menopause bei 27 Frauen in folgender Weise festgestellt:

Geburten und Stillen bei . . . . 3 Frauen
Abortus . . . . 1 „
Ein Fall auf das Kreuzbein während der Menstruation 2 „
Unterdrückung der Menstruation durch Kälte . . . 2 „
Blutung aus dem Arme während der Menstruation . . 1 „
Vollziehung der Hochzeit während der Periode . . . 1 „
Heftiges Purgiren durch Arznei . . . . 2 „
Cholera . . . . 2 „
Rheumatisches Fieber . . . . 2 „
Bronchitis mit Fieber . . . . 2 „
Wechselfieber . . . . 9 „

Von Manchen wird frühzeitiges Heirathen oder starke geschlechtliche Thätigkeit, Prostitution als Ursache frühzeitiger Menopause angegeben. In den meisten Fällen ist gar kein veranlassendes Moment zu finden und man muss die frühzeitige Menopause (ebenso wie die ungewöhnlich lange Menstruationsthätigkeit) als eine Eigenthümlichkeit der ganzen Constitution betrachten, dafür spricht der Umstand, dass in mancher Familie alle weiblichen Glieder derselben auffallend zeitig ihre Periode verlieren.

Wir behandelten eine Dame, Frau P. aus Smyrna, welche seit

dem 13. Jahre, aber stets spärlich menstruirt war, im 16. Jahre heirathete und im 20. Jahre ihre Menses für immer verlor. Sie war steril und in den Sexualorganen nichts Abnormes nachzuweisen.

Courty und Brierre de Boismont führen einige Beispiele von Frauen an, bei denen die Menstruation zum letzten Male im 21. Jahre stattfand. Mayer berichtet 2 Fälle von Menopause im 22. Jahre, Krieger 1 Fall im 23. Jahre, Brierre de Boismont 1 Fall im 24. Jahre, Mayer 2 Fälle im 25. Jahre, B. de Boismont 1 Fall im 26. Jahre und 1 Fall im 27. Jahre, Guy und Tilt je 1 Fall im 27. Jahre, Boismont, Courty und Guy je 1 Fall im 28. Jahre, Boismont, Courty und Mayer je 1 Fall im 29. Jahre, Guy und Tilt je 1 Fall im 30. Jahre und Mayer 5 Fälle im 30. Jahre.

Auch gewisse Krankheiten des Uterus haben oft die Schuld an dem vorzeitigen Versiegen der Menstruation und sind in dieser Beziehung besonders Metritis chronica und Ovarialtumoren als solche causale Momente hervorzuheben.

v. Scanzoni hat das vorzeitige Versiegen der monatlichen Reinigung besonders dann beobachtet, wenn entweder der anämische Zustand der an einer chronischen Uterinkrankheit leidenden Frau einen höheren Grad erreicht hat, oder wenn die bei der Untersuchung nachweisbare Härte des Uterus auf eine beträchtliche Bindegewebsneubildung innerhalb seiner Wandungen mit gleichzeitiger Verengerung der Gefässe und daraus hervorgehender Blutarmuth des Gewebes schliessen liess.

Ein anderer Grund des zeitlichen Aufhörens der Menstruation liegt in einem vorzeitigen Marasmus des weiblichen Körpers, wie er nach zahlreichen rasch auf einander folgenden Entbindungen begründet ist und sich in einer vorzeitigen Involution und Atrophie des Gebärorganes bekundet.

Dass wesentliche Texturerkrankungen der Ovarien die Functionen derselben stark beeinträchtigen und daher frühzeitige Menopause herbeiführen können, braucht nicht des Weiteren auseinander gesetzt zu werden.

Tilt hat durch Metritis Cessation der Menses im 29. Jahre gesehen, glaubt aber nicht, dass im Allgemeinen chron. Metritis frühzeitige Menopause verursache. Er glaubt, dass diese oft durch Dysmenorrhoe veranlasst werde.

Dr. Atlee hat in fünfzehn Fällen von Ovarientumoren zunächst frühzeitige Cessation der Menses, im 30., 39. 40. und 42. Lebensjahre nachgewiesen.

Puech sah in drei Fällen bei Frauen im Alter von 30 Jahren in Folge eines heftigen Choleraanfalles Menopause eintreten. Courty kannte eine Frau, die ihre Regeln im 17. Jahre bekommen und mit 28 Jahren wieder verloren hatte. Sie hatte bei zarter Constitution immer an Vaginismus gelitten und es war wahrscheinlich bei ihr Atrophie des Uterus und der Ovarien vorhanden. Jung (Casper's Wochenschrift f. d. ges. Heilkunde 1833) erzählt von einer Frau, welche mehrere Jahre lang vor dem völligen Verschwinden der Katamenien nur während der Wintermonate menstruirt war, in den Sommermonaten dagegen, wo sie mehr anstrengende körperliche Arbeiten verrichtete, nicht.

In prognostischer Beziehung kommt nach Scanzoni bei frühzeitiger Menopause Alles darauf an, ob ungeachtet des vorzeitigen Ausbleibens der menstrualen Blutung die periodische Reifung der Eier in den Eierstöcken und die durch diese hervorgerufene Congestion zu den Beckengebilden fortbesteht oder nicht. Nur da, wo dieses der Fall ist, dürfte der Mangel der gewohnten Entleerung der mit Blut überfüllten Gefässe nachtheilige Folgen herbeiführen, welche sich durch eine Steigerung der Secretion der Genitalschleimhaut, durch Congestiv- und Entzündungszustände des Uterus und der Ovarien, durch die Entwicklung verschiedener Pseudoplasmen zu erkennen geben. Diese Gefahr fällt jedoch zum grossen Theile hinweg, sobald dem Ausbleiben der menstrualen Blutung der Mangel der eben erwähnten Congestionen und Hyperämien der Sexualorgane zu Grunde liegt.

Nun ist aber die Blutung das einzig objectiv wahrnehmbare Symptom der im Inneren des Organismus statthabenden menstrualen Vorgänge und fehlt jenes, so wird es dem Arzte unmöglich, zu entscheiden, ob diese regelmässig erfolgen oder nicht, weshalb auch die bestimmte Prognose bezüglich der Folgen, der uns beschäftigenden Anomalie mit den grössten Schwierigkeiten verbunden ist. Indess wird man sich selten irren, wenn man die Bedeutung dieser letzteren in allen jenen Fällen nicht allzuhoch anschlägt, wo die Anamnese oder das Ergebnis der Untersuchung eine vorzeitige Involution der Sexualsphäre als die wahrscheinliche Ursache der allzufrühen Menopause annehmen lässt.

III. Capitel.

Dauer der klimakterischen Zeit.

~~~~~~~~~

Die klimakterische Zeit, die „kritische" Zeit, in welcher die das Ausbleiben der Katamenien vorbereitenden oder begleitenden Erscheinungen und „Zufälle" auftreten, ist von verschiedener Dauer (die Engländer bezeichnen diese Zeit als „dodging time" Vexierzeit, um die Unregelmässigkeit zu bezeichnen in einer Function, deren Hauptcharacter früher gerade die Regelmässigkeit war). Selten ist es, dass unter normalen Verhältnissen diese Erscheinungen nur Wochen in Anspruch nehmen, gewöhnlich erstrecken sie sich auf einen Zeitraum von Monaten oder Jahren. Die Dauer der Erscheinungen, unter denen die Menopause eintritt, beträgt nach unseren Beobachtungen durchschnittlich 2 bis 3 Jahre. In England wird dieselbe im Durchschnitt mit 2 bis 3 Jahren, in Frankreich mit 2 Jahren angegeben. Die Unterschiede sind aber sehr bedeutend und während in einzelnen allerdings seltenen Fällen die Menopause ganz plötzlich eintritt oder jene Erscheinungen nur einige Tage dauern, erstrecken dieselben sich in anderen Fällen zuweilen auf die Dauer von zehn Jahren und darüber.

Das allmählige Verschwinden der Menstruation ist die für den weiblichen Organismus günstigste Art des Eintrittes der Menopause. Die Menge des abgesonderten Menstrualflusses vermindert sich in solchen Fällen allmählig, die Menses kehren nur in grösseren Zwischenräumen wieder und das Allgemeinbefinden ist dann weniger tief beeinträchtigt.

Hiegegen greift das plötzliche Aufhören der Menses oder auch nur ein rasches Schwinden derselben tief in den Haushalt des ganzen weiblichen Körpers ein und diese Störung ist um so grossartiger, wenn die Frauen sonst noch wohl erhalten sind und das Leben in den übrigen Systemen des Organismus mit diesem Sinken der Erregbarkeit im Geschlechtssysteme in Widerspruch steht. Ein plötzliches Aufhören der Menstruation auf Nimmerwiedersehen ist ein pathologischer Zustand und wird zuweilen durch grosse Erregungen des Nervensystems, Affectionen des Gemüthes, grossen Schreck u. s. w. verursacht. Die grossartige Alteration des Gesammtnervensystems wirkt hier lähmend auf die Thätigkeit der Ovarien, auf die Lebensenergie des Uterus.

Ebenso wie diese psychischen Momente kann auch eine mechanische Gewaltthätigkeit, ein Sturz, ein Schlag auch ohne wahrnehmbare Läsion der Sexualorgane das plötzliche Ausbleiben der Menses veranlassen.

Schwere Krankheiten, grosse Säfteverluste können gleichfalls durch Energieherabminderung des sympathischen Nervensystems die Ursache plötzlicher Menopause abgeben. So ist es nicht selten, dass nach erschöpfenden Wochenbetten die Periode für immer ausbleibt, oder dass dies nach langwierigen Durchfällen, nach Cholera, nach schweren Typhen u. s. w. der Fall ist.

Dusourd führt an, dass bei 3 Frauen im Alter von 40 bis 43 Jahren die Menses nach einer sehr reichlichen Hämorrhoidalblutung ausgeblieben seien.

Tilt erzählt einen Fall, wo ein während der Menstruation vorgenommener Aderlass das Aufhören derselben auf Nimmerwiedersehen zur Folge hatte.

Courty theilt die Krankengeschichten von 3 Frauen mit, bei denen die Menses nach Choleraanfällen im 30. Jahre für immer ausblieben.

L. Mayer berichtet einen Fall, wo durch die erste Niederkunft und das Säugegeschäft eine solche Erschöpfung der Lebenskraft in den Ovarien zu Wege gebracht wurde, dass nachher nur noch die menstruellen Reflexneurosen zu Stande kamen, die Menstruation aber ganz aufhörte. Der Fall betraf eine 34 jährige, schwächliche Beamtenfrau, welche zuerst im 14. Jahre menstruirt, ihre Menses in regelmässigen, vierwöchentlichen Perioden und von 2 bis 3 tägiger Dauer gehabt hat. Im 20. Jahre verheirathete sich dieselbe und kam im 21. leicht und glücklich nieder. Das Wochenbett verlief normal, sie nährte ihr Kind ein Jahr lang, die

Regeln traten aber seitdem nicht wieder ein, nur bemerkte die
Kranke in den ersten Jahren alle Wochen einige Tage hindurch
Ziehen in den Schenkeln und im Kreuz, auch wohl Uebligkeit,
Kopfschmerz, Stiche im Epigastrium. Seit langer Zeit sind aber
diese Molimina verschwunden und die Exploration ergab einen
schlaffen Uterus, dessen Höhle nur 2 Zoll lang war.

Krieger erzählt einen Fall, wo die Menses, welche im 13.
Jahre eintraten, im 23. Jahre für immer ganz fortblieben, nachdem die Frau stets an nervösen Zufällen litt. Die Untersuchung zeigte: Die Vaginalportion ist ein kleiner, schlaffer, etwa $\frac{1}{4}$
Zoll langer Zapfen und der retroflectirte Uteruskörper bildet eine
rundlich bewegliche Geschwulst von der Grösse einer kleinen Wall-
nuss. Der Uterus ist also völlig atrophisch.

Brierre de Boismont erzählt folgenden interessanten Fall
von plötzlichem und frühzeitigem Aufhören der Menstruation. Er
betraf eine Näherin. Die Regeln waren im 13. Jahre zum ersten
Male erschienen. Kurze Zeit darauf wurde sie verheirathet und
gebar 4 Kinder. Zur Zeit ihrer letzten Entbindung war sie 21
Jahre alt. Im Verlaufe dieses Jahres brach in ihrem Hause Feuer
aus; der Schreck, den sie empfand, war so gross, dass die Menses,
welche gerade im Flusse waren, supprimirt wurden. Seit 12 Jahren hatte sich die Menstruation nicht wieder gezeigt, ohne dass
krankhafte Erscheinungen der Gebärmutter wahrgenommen wurden.

Tilt berichtet mehrere ähnliche Fälle, wo Frauen im Alter
von 30, 34 und 39 Jahren die Menses plötzlich verloren durch den
Kummer über den Tod ihrer Männer. Der eine Fall betraf eine
Frau die im 30. Jahre stand, sich einer sehr guten Gesundheit erfreute und schon 16 Monate ein Kind nährte, als ihr Mann plötzlich todt zu ihren Füssen niederfiel. Betäubt vor Schreck liess sie
das Kind fallen, kam erst nach mehreren Stunden wieder zum Bewusstsein, hatte aber plötzlich die Milch verloren und die Menses
kehrten nie wieder zurück. Obwohl sie lange Zeit brauchte, bevor sie sich ganz erholte, litt ihre Gesundheit doch nicht, bis sie
71 Jahre alt, einem apoplektischen Anfalle erlag. — Bei einer
anderen Frau blieben die Menses aus, nachdem sie in ihrem 33.
Jahre von einer Treppe gestürzt und auf den Rücken gefallen war.

Krieger sah bei einer seiner Patientinnen, einer schwächlichen, aber im Ganzen regelmässig menstruirten Frau zweimal aus
Gram über den Tod eines geliebten Kindes die Regeln plötzlich

verlieren, dieselben aber nach Verlauf eines halben Jahres wieder bekommen. Sie war im 41. Jahre, als ihr Ehemann starb und die Menses sind von dieser Zeit aber nicht wieder gekehrt.

L. Mayer hat folgenden Fall beobachtet: Eine 34jährige Arbeiterfrau, eine kräftige mittelgrosse Brunette hatte die Menses zuerst im 13. Jahre bekommen und stets mit regelmässigen Intervallen und 3 tägiger Dauer, aber nur spärlich, gehabt. Sie heirathete im 20. Jahre und gebar schnell hintereinander zwei Kinder, das letzte vor mehr als 10 Jahren. Geburten und Wochenbetten waren normal. Nach dem zweiten Wochenbette traten die Katamenien nur noch einmal ein, blieben dann aber in Folge eines heftigen Schreckes aus, um nie wieder zu kehren.

Der schädliche Einfluss, den die plötzliche Cessation der Menses auf die Gesundheit des Weibes ausübt, ist ein sehr verschiedener je nach dem Alter des letzteren. Im Allgemeinen ertragen Frauen im mittleren Alter, bei welchen sich der ganze Organismus und die dabei vorzüglich betroffenen Organe an die Ausgleichung der menstrualen Hyperämien bereits gewöhnt haben, diese durch plötzliches Aufhören der Menstruation veranlasste Functionsstörung viel leichter, als Frauen, welche sich bereits in den klimakterischen Jahren oder in deren Nähe befinden. Dieses Lebensalter disponirt schon an und für sich zu Circulationsstörungen in den Beckenorganen und es ist daher leicht begreiflich, dass bei ihnen die plötzliche Suppression der Menses nachtheiligere und anhaltendere Folgen haben wird, als bei jenen Frauen, welche noch auf der Höhe des Geschlechtslebens im Vollgenusse der Gesundheit, der äusseren Schädlichkeit stärkere Widerstandskraft entgegenstellen.

Aber auch in jenen Fällen, in welchen die Menopause allmählig eintritt und einen längeren Zeitraum in Anspruch nimmt, ist die Heftigkeit und Bedeutsamkeit der verschiedenen jene begleitenden Erscheinungen eine veränderliche. Zuweilen findet der Uebergang so leicht statt, dass die Frauen über gar keine Beschwerden wesentlicher Art zu klagen wissen, während in anderen Fällen die Symptome so stürmischer Art sind, dass sie auf die Frauen und ihre Umgebung einen höchst beängstigenden Eindruck üben.

Im Allgemeinen können wir wohl sagen, dass die klimakterische Periode am leichtesten bei Frauen vorübergeht, welche meh-

rere Kinder geboren und ein arbeitsames, thätiges Leben geführt
haben.

Zuweilen lässt sich aus früheren Anomalien in den Sexualfunctionen schon schliessen, dass die Menopause nicht ohne wesentliche Störung des Allgemeinbefindens erfolgen werde. Die Erfahrung zeigt, dass Frauen, bei denen die Entwicklungszeit mit
vielfachen Beschwerden einherging, bei denen die Menstruation unregelmässig oder mit Schmerzen erfolgten, bei denen pathologische
Veränderungen in den Sexualorganen vorhanden sind, ebenso wie
kinderlose Frauen unter weit mehr Beschwerden und Gefahren die
klimakterische Periode zu bestehen haben, als jene Frauen, bei
denen das entgegengesetzte Verhalten stattgefunden hat.

Tilt stellt die Behauptung auf, dass bei Frauen, in demselben
Maasse als sich ihre Leiden vor der vollständigen Puber-
tätsentwickelung in die Länge zogen, im Allgemeinen
auch bei der Cessation längere und peinlichere Leiden sich geltend machen werden, wobei er allerdings nicht den Schluss gezogen haben will, dass diejenigen Frauen, welche wenig oder nichts
beim Eintritte der Periode gelitten haben, auch keine Beschwerden
bei der Cessation zu befürchten haben. Er bezeichnet es ferner
als eine nicht minder interessante und wichtige Thatsache, dass
im Allgemeinen diejenigen Krankheiten, welche dem ersten
Erscheinen der Periode vorausgingen, auch als Vorläufer
der Cessation zu erwarten sind. Zum Beweise führt er an, dass
Alibert, der sich vorzüglich mit Hautkrankheiten beschäftigte,
erzählt, er habe beobachtet, wie einzelne Hautkrankheiten blos
zwei Mal im Leben auftreten, ein Mal vor dem Anfange und ein
Mal vor dem Ende der Menstruation. Brierre de Boismont
u. A. erwähnen ebenfalls das Auftreten der Hysterie und Epilepsie
gerade vor jenen beiden wichtigen Perioden in dem weiblichen Leben, während in der Zwischenzeit die Frauen von diesem Leiden
vollkommen frei waren. H. Marsh theilt mit, dass er mehrere
Male beobachtet habe, dass Frauen, die vor der Entwickelung
ihrer Natur wiederholt an Nasenbluten gelitten haben, denselben
Zufall als ein vorherrschendes Symptom zur Zeit der Cessation bemerkt haben. Und Tilt hat in seiner Praxis mehrmals den reichlichen Ausbruch von Furunkeln mit nachfolgender Diarrhoe und
noch häufiger eigenthümliche Schwindelanfälle und andere sehr
kritische Zufälle in hohem Grade vor jenen beiden kritischen Zeit-

punkten geschen, während in der Zwischenzeit weder bei der Menstruation noch im Wochenbett oder beim Stillen etwas dergleichen zum Vorschein kam.

Frauen, die mehrfach an chronischer Metritis gelitten haben, solche, die mit Uterusinfarkten, mit Fibroiden, mit Ovarientumoren oder mit Carcinomen behaftet sind, pflegen länger in diesem Uebergangstadium zu verweilen, als diejenigen, bei denen keine locale Veränderung obwaltet, welche Congestionen nach den Sexualorganen begünstigt. Anderseits ist zu erwarten, dass bei robusten, sehr vollblütigen Frauen, bei denen das Geschlechtsleben selbst in üppiger Entfaltung war, welche viele Kinder gehabt und reichlich menstruirt hatten, der Organismus sich erst allmählig an das völlige Ausbleiben des gewohnten Menstrualflusses gewöhnen und daher noch längere Zeit hindurch gelegentlicher Blutausscheidungen bedürfen wird, wo hingegen wir die Wahrnehmung machen, dass schwächliche Constitutionen, denen der monatliche Blutverlust eine unverhältnissmässige Summe von Kräften entzog, mit dessen Aufhören, selbst wenn dieses plötzlich eintreten sollte, gewissermassen von Neuem aufleben und einem früher nicht gekannten Wohlleben entgegengehen (Krieger).

Die mannigfachsten physiologischen und pathologischen Thatsachen deuten darauf hin, dass mit dem Aufhören der menstrualen Blutausscheidung keineswegs auch alle menstrualen Veränderungen in den Ovarien und den inneren Sexualorganen überhaupt ihr Ende erreichen. Es scheint sogar, dass die Ovulation noch einige Zeit nach dem Aufhören der Menstrualblutung fortdauert.

Die meisten die Menstruation begleitenden Symptome dauern noch eine Zeit lang in mehr oder minder regelmässiger Wiederkehr fort, es treten noch Kreuzschmerzen, Druck im Unterleibe, Gefühl von Hitze und Völle im Becken, ziehender Schmerz im Hypogastrium auf, allgemeine Aufregung etc., so dass die Frauen oft genau wissen, wann ihre „unblutige Menstruation" wieder einzutreten pflegt.

Die Erscheinungen, unter denen die Menses ausbleiben, deren ausführliche Angabe einer späteren Erörterung vorbehalten bleibt, sind gewöhnlich folgende: Die Frauen fühlen sich durch Monate erregt, reizbar. Die Menses treten unregelmässig, in grösseren Pausen alle sechs bis acht Wochen ein, sind spärlich oder, und das ist nach unserer Erfahrung der häufigere

Fall, die Menstruation ist unregelmässig, aber sehr heftig, es treten profuse Blutungen ein, durch welche die Frauen in Angst und Schrecken versetzt werden. Zuweilen beträgt die Pause zwischen diesen Blutungen mehrere Monate, ein halbes Jahr, 8—10 Monate. Seltener treten die Blutungen schon alle 2 bis 3 Wochen auf. Ihre Dauer ist gewöhnlich eine lange; 8, 10, 14 Tage. Die Frauen klagen über Verdauungsbeschwerden, Stuhlverstopfung, Tympanites, Blutungen aus den Haemorrhoidalvenen, Nasenbluten. Es tritt häufig Congestion zum Kopfe, fliegende Hitze ein, dabei ist grosse Neigung zu profusen Schweissen vorhanden. Neben dem Menstrualflusse oder anstatt desselben zeigt sich sehr häufig Leukorrhoe. Im Nervensysteme treten die mannigfachsten Erscheinungen auf, die man unter dem Gesammtnamen der Hysterie zusammenfasst.

Ganz richtig hat die verschiedene Art der Cessation der Menses bereits (Siebold, Handbuch zur Erkenntniss und Heilung der Frauenzimmerkrankheiten) beschrieben: Unter folgenden Umständen cessirt die monatliche Reinigung gewöhnlich im höheren Alter des Weibes 1) sie erscheint immer sparsamer und unordentlich d. h. bald kommt sie früher, bald später, bald in geringerer, bald in grösserer Quantität, bisweilen nur alle drei oder sechs Monate und dann verliert sie sich allmählig ohne die geringsten Störungen des allgemeinen Wohlbefindens, 2) die monatliche Reinigung cessirt mit einem Male, meistens nur auf plötzlich wirkende Einflüsse z. B. auf Erkältung, Affecte bei vorher schon sehr erhöhter Reizfähigkeit und zuweilen mit einem plötzlichen Anfalle von Ohnmachten und folgendem beträchtlichem Schweisse der ganz triefend ist; 3) sie verliert sich mit den heftigsten Haemorrhagien, die auf einmal sich einstellen und die Lebensthätigkeit sehr schwächen, oder die Menge des auf ein Mal abgehenden Blutes ist zwar nicht so gross, aber die Hämorrhagie hält länger an.

Tilt gibt in seinem Change of life eine Zusammenstellung der verschiedenen Modalitäten, durch welche sich die Zeit des Wechsels bei 637 Frauen kund gab. Es zeigte sich nämlich diese:

Durch allmählige Verminderung des Menstrualblutflusses . . .	bei	171	Frauen oder	26,84	Proc.
Durch plötzliche Unterbrechung	„	94	„	14,76	„
Durch plötzliche Unterbrechung und eine Terminal-Metrorrhagie	„	43	„	6,75	„

Durch eine Terminal-Metrorrhagic bei 82 Frauen oder 12,87 Proc.

Durch eine Reihenfolge von Metrörrhagien . . . . „ 56 „ „ 8,79 „

Durch abwechselnd sehr reichliche und spärliche Menstrualblutungen „ 36 „ „ 5,65 „

Durch unregelmässige Wiederkehr der Menstrualblutungen in längeren Zwischenräumen als 21 Tage . . . . „ 99 „ „ 15,54 „

Durch unregelmässige Wiederkehr in kürzeren Zwischenräumen als 21 Tage . . , ... „ 33 „ „ 5,18 „

Durch unregelmässige Wiederkehr in abwechselnd längeren und kürzeren Zwischenräumen als Tage . . . . „ 23 „ „ 3,61 „

Nach Cohnstein's Daten trat die Menopause in 76 Percent der Fälle allmählig ein (die Dauer schwankt zwischen 1 Monat und 2 Jahren) in 24 Percent plötzlich. Er bestätigt die allgemein angegebenen Ursachen für den plötzlichen Eintritt, wie Gemüthsbewegungen, Erschütterungen des Körpers, Durchnässung, erschöpfende Wochenbetten, Aborte, schwere Krankheiten wie Cholera, Typhus, Tuberculose. Bezüglich des Wochenbettes führt er an, dass Frauen, die zwischen dem 36. und 46. Lebensjahre zum ersten Male niederkommen, gar nicht selten, auch nach einem ganz normalen Puerperium, mit der Menstruation vollständig abschliessen.

Ueber die Dauer der Zufälle im klimakterischen Alter hat Brierre de Boismont Beobachtungen bei 141 Frauen angestellt, die in 4 Abtheilungen zu bringen sind. Die erste, zu welcher diejenigen Frauen gehören, bei denen die Menopause nach kürzerer oder längerer Zeit zu Stande kam, umfasst 80 Individuen, die zweite, bei denen die Zufälle plötzlich vorübergingen, umfasst 28, die dritte enthält 12 Frauen, welche nicht genau die Zeit angeben konnten, und die vierte zählt 22 Individuen, bei denen die Zufälle noch andauern.

B. gibt folgende Tabelle der Dauer der Erscheinungen im „kritischen Alter" bei jenen 80 Frauen:

6 Tage 6 Nächte		bei 1	Individuum
8 Tage		„ 9	„
15 Tage		„ 1	„
2 — 3 Monate		„ 5	„
4 „		„ 2	„
4 — 5 „		„ 1	„
5 — 6 „		„ 1	„
6 „		„ 7	„
7 „		„ 2	„
8 „		„ 2	„
9 „		„ 1	„
1 Jahr		„ 17	„
1 Jahr 4 Monate		„ 1	„
1 „ 6 „		„ 2	„
1 „ 7 „		„ 1	„
2 „		„ 10	„
2 „ 6 „		„ 1	„
2 bis 3 Jahre		„ 1	„
3 „		„ 7	„
4 „		„ 1	„
5 „		„ 1	„
8 „		„ 2	„
10 „		„ 4	„

Die gewöhnliche Zeit der Erscheinungen vor der Menopause ist hier mit 1 Jahre angegeben und die mittlere Zeit lässt sich auf ohngefähr 2 Jahre bestimmen, eine Zeit, welche mit der in England angegebenen ziemlich übereinstimmt.

In den 80 oben zusammengestellten Beobachtungen sind die Unterschiede sehr bedeutend, denn während in dem einen Falle eine Dauer von 6 Tagen und Nächten angegeben wurde, sehen wir 4 Beobachtungen, bei denen die Erscheinungen sich bis zu 10 Jahren erstreckten.

Bei den 40 Beobachtungen Brierre's von Frauen, bei denen die Menses plötzlich unterdrückt wurden, zeigten sich folgende Verhältnisse: 14 Mal trat das Aufhören plötzlich nach einer Menstrualperiode ein, ohne dass Verminderung oder Unregelmässigkeit diese Veränderung angezeigt hatte. In den 26 anderen Fällen erfolgte das plötzliche Aufhören der Menses nach einer Entbindung, nach dem Entwöhnen des Kindes, nach Gemüthsbewegungen, nach Fällen, Schlägen, Verwundungen und heftigen Gemüthsbewegungen zur Zeit der Juli-Revolution.

Aus Tilt's statistischen Angaben über 265 Frauen ergibt sich dass bei der grösseren Hälfte dieser Zahl, nämlich bei 142 Frauen die Dauer der klimakterischen Zufälle 1 Jahr und weniger beträgt. — Die Wechselzeit dauerte

6 Monate bei 12,075 Proc. dieser Fälle
1 Jahr bei 22,641 „
2 „ bei 18,622 „
3 „ bei 9,434 „

Bei einer geringeren Zahl von Fällen betrug die Dauer nur 1 oder mehrere Monate, bei mehreren verlängerte sie sich auf 4, 6, 8 Jahre, ja in einzelnen Fällen betrug die Dauer bis zu 18 Jahren. Die mittlere Dauer der Wechselzeit belief sich auf 1 Jahr 11 Monate.

Die vollständigen Daten Tilts sind folgende: Die „dodging time" dauerte:

In 2 Fällen 1 Monat
„ 3 „ 2 „
„ 9 „ 3 „
„ 4 „ 4 „
„ 5 „ 5 „
„ 32 „ 6 „
„ 4 „ 7 „
„ 11 „ 8 „
„ 3 „ 9 „
„ 9 „ 10 „
„ 60 „ 12 „
„ 15 „ 18 „
„ 52 „ 2 Jahre
„ 25 „ 3 „
„ 9 „ 4 „
„ 4 „ 5 „
„ 6 „ 6 „
„ 5 „ 6 „
„ 3 „ 8 „
„ 1 „ 9 „

In 1 Falle 12 Jahre

„ 1 „ 14 „

„ 1 „ 18 „

Busch (Das Geschlechtsleben des Weibes in physiologischer, pathologischer und therapeutischer Hinsicht, Leipzig 1839) beschreibt die Erscheinungen, unter welchen die Menstruation in dem „Alter der beginnenden Decrepidität" nachlässt, folgendermassen:

„Schon einige Jahre, ehe die Menstruation gänzlich schwindet, verliert sich ihre normale Periodicität, sie setzt mitunter ganz aus, kehrt dann nach längeren oder kürzeren Zwischenräumen wieder zurück. Auch in Bezug auf die Menge des ausgeleerten Blutes zeigen sich Veränderungen, gewöhnlich ist die monatliche Reinigung schwächer, nimmt gradweise an Menge ab, selten steigert sich dieselbe und stellt eine wirkliche Haemorrhagie dar, welche selbst stetig andauert, so dass die verschiedenen Epochen der Menstruation untereinander verschmelzen, was jedoch schon immer als ein anomaler und krankhafter Zustand angesehen werden muss. Auch die Qualität des Blutes zeigt sich verändert. Es wird, wenn die Menstruation allmählig abnimmt, später oft nur eine schleimartige Flüssigkeit abgesondert, die dann noch einige Zeit hindurch fortdauert. Ist die Menstruation aber zur Zeit der Decrepidität reichlicher geworden, dann ist das Blut in der Regel kein reines Menstrualblut, sondern dem venösen Blute analog und gerinnt daher, so dass es nicht immer im flüssigen Zustande, sondern auch in grösseren oder kleineren coagulirten Stücken entleert wird. Nur in seltenen Fällen hört die Menstruation in den klimakterischen Jahren plötzlich auf. Gewöhnlich ist sie dann aus irgend einer Ursache krankhaft unterdrückt worden und erscheint nicht wieder, weil zu dieser Zeit die Menstrualthätigkeit nicht rege genug ist, um sie wieder hervorzurufen. Oft gehen die Erscheinungen, unter denen die Menstruation verschwindet, ohne weitere Beschwerden für die Frau von Statten, so dass die Frauen die Veränderungen ihres Zustandes kaum wahrnehmen werden. Bei vielen Frauen wird jedoch der Organismus zur Zeit der Abnahme der Menstruation bei jeder Epoche derselben in höherem Grade als früher afficirt. Das Blutsystem erscheint in grosser Aufregung, das Nervensystem ist mächtig gereizt, das Allgemeinbefinden gestört, es treten Schmerzen in der Lenden- und Kreuzgegend auf und einzelne Organe werden stark ergriffen. · Solche Erscheinungen erweisen aber, dass das Erlöschen der Geschlechtsreife nicht in der gehörigen Harmonie aller Erscheinungen von Statten gehe, und dass die Menstruation, welche als eine Krisis des weiblichen Zeugungsvermögens anzusehen ist, in Folge örtlicher in der Gebärmutter selbst stattfindender Vorgänge zu früh oder zu spät aufhöre. Im ersteren Falle ist die Menstruation für den Organismus noch nothwendig, und da sie gar nicht oder nur unvollkommen zu Stande kommt, treten anomale Zustände auf, welche zunächst durch eine krankhafte Plethora, durch Stockungen der Säfte und Congestionen nach einzelnen Organen sich aussprechen. Im letzteren Falle bedarf der Organismus seiner kritischen Ausscheidungen nicht und ihr abnormes Auftreten bedingt eine Schwäche und eine Reizung des Nervensystems. Diese anomalen Zustände gehen leicht in wirkliche Krankheiten über, sind aber in der That nicht so gefährlich, als die Frauen selbst annehmen. Das Gleichgewicht stellt sich nach einiger Zeit wieder her und die Beschwerden verschwinden".

IV. Capitel.

Einfluss des klimakterischen Alters auf die Gesundheit der Frauen.

~~~~~~~~~~

Schon im Alterthume herrschte die Ansicht von der Gefährlichkeit der „kritischen Zeit" für das Leben der Frau und diese Meinung hat sich bis auf unsere Zeit erhalten. Wenn diese Anschauung nicht derartige Berechtigung hat, dass man in der That eine grosse Lebensbedrohung durch die Erscheinungen des klimakterischen Alters annehmen dürfte, so glauben wir doch auch Jenen Unrecht geben zu müssen, welche dieser Zeit jeden wesentlichen Einfluss auf die Morbilität und Mortalität des Weibes absprechen.

Die statistischen Daten sind darin sehr schwankend, aber es lässt sich nicht läugnen, dass die Alteration, welche das Erlöschen der Sexualthätigkeit des Weibes auf den gesammten Organismus übt, wesentliche, Gefahr drohende Momente in sich birgt, wie dies aus der späteren Darlegung der pathologischen Verhältnisse wohl deutlicher hervorgehen wird. Aber keinesfalls sind diese Gefahren so gross, wie jene, welche das Geschlechtsleben in seiner vollen Entwickelung, die Schwangerschaft und das Wochenbett für das Leben der Frau mit sich bringt.

Die wesentlichste Lebensgefährdung im klimakterischen Alter liegt nach unserer Ansicht in der demselben eigenthümlichen Neigung zur Entstehung und Entwickelung bösartiger Neubildungen. Von diesen sind in erster Linie Carcinoma uteri und Carcinoma mammae zu nennen, von denen das Erstere mit grosser Wahrscheinlichkeit, das Letztere aber fast mit Gewissheit in seinem Entstehen und Wachsen durch das klimakterische Alter befördert wird. Auch das Auftreten von Gebärmutterpolypen scheint hier begünstigt zu werden, während dies von Ovarialgeschwülsten hingegen sehr unwahrscheinlich erscheint.

Wiewohl wir nicht in der Lage sind, in allgemeinen Gesetzen den mehr oder minder gefahrvollen Verlauf der klimakterischen Zeit zu bestimmen, so glauben wir doch gewisse Punkte angeben zu können, welche in dieser Richtung einen prognostischen Werth haben. Diese sind: Das Befinden der Frau zur Pubertätszeit, der Gesundheitszustand der Frau im Allgemeinen, ihre sexuelle Thätigkeit, die Art der Cessation der Menses.

1) Die Gefahren, welche das klimakterische Alter mit sich bringt, sind im Allgemeinen für jene Frauen grösser, deren sexuelle Entwickelung zur Pubertätszeit schwierig von Statten ging, als für Solche, welche beim Eintritt der Menstruation sich vollkommen wohl befanden und durch die Pubertät in ihrer Gesundheit nicht beeinträchtigt wurden. Es lässt sich nicht verhehlen, dass ein gewisser Connex zwischen den Erscheinungen beim Beginn der sexuellen Thätigkeit und jenen beim Erlöschen der Geschlechtsfunction zu bestehen scheint und man wird wohl selten Fehler begehen, wenn man je nach dem ungetrübten oder wesentlich gestörten Allgemeinbefinden zur Pubertätszeit einen günstigen oder ungünstigen Verlauf des klimakterischen Wechsels prognosticirt.

Wo zur Pubertätszeit nervöse Erscheinungen schwerer Art in den Vordergrund traten, ist auch die Befürchtung gerechtfertigt, dass die Cessation der Menses einen wesentlichen Einfluss auf das Nervensystem üben und dass es zu neuropathischen Affectionen verschiedener Art kommen wird. Forscht man bei Frauen des klimakterischen Alters, welche an hysterischen Zufällen oder psychischen Störungen leiden, anamnesisch nach, so wird man fast immer in Erfahrung bringen, dass dieselben Frauen auch zur Zeit ihrer geschlechtlichen Entwickelung an Neurosen und Krämpfen, an psychischen Verstimmungen u. s. w. gelitten haben.

2) Der Gesundheitszustand der Frau im Allgemeinen hat einen wesentlichen Einfluss auf den mehr oder minder günstigen Verlauf der klimakterischen Zeit. Vollkommen gesunde Frauen mit ruhigem Temperamente und in günstigen äusseren Verhältnissen überstehen diese Zeit auch am leichtesten ohne Benachtheiligung ihres Allgemeinbefindens. Jede Abweichung von dem normalen Gesundheitszustande übt einen schädlichen Einfluss auf

den Verlauf des Klimakteriums und zwar sind Frauen chlorotisch-anämischer Natur ebenso gefährdet wie Frauen von plethorischem Habitus. Ein phlegmatisches, lymphatisches Temperament scheint in dieser Richtung günstigeren Einfluss für die Frauen zu haben, als ein sanguinisches, cholerisches, erethisches Temperament.

Bei plethorischem Habitus der Frauen treten die Erscheinungen der Blutstockung und Blutwallung, welche wir später noch ausführlich erörtern, mehr in den Vordergrund. Chlorotisch-anämische Frauen leiden häufiger um diese Zeit an Gebärmutterblutungen. Sanguinisches, erethisches Temperament bringt oft in diesen Jahren die Geneigtheit zu Neuropathien und Psychosen mit sich. Die beste Aussicht auf einen günstigen Verlauf der klimakterischen Zeit haben diejenigen Frauen, welche in dieses Alter mit ungeschwächter Gesundheit treten, am wenigsten günstig ist in dieser Richtung die Prognose für Frauen, welche schon längere Zeit vor der Menopause über verschiedenartige Beschwerden klagen und mancherlei pathologische Symptome bieten.

3) Die sexuelle Thätigkeit der Frau beeinflusst das Befinden der Frauen im klimakterischen Alter. Im Allgemeinen kann man sagen, dass eine frühere erhöhte Thätigkeit der geschlechtlichen Functionen bei normalen Verhältnissen einen günstigen Einfluss auf das Befinden in der klimakterischen Zeit übe. Frauen, welche lange Zeit verheirathet waren, sonst gesund, mehrere Kinder geboren und dieselben selbst gestillt haben, sind um diese Zeit viel wohler als Frauen unter entgegengesetzten Verhältnissen. Alte Jungfern, Frauen, die lange Zeit in keuschem Wittwenstande gelebt haben, kinderlose Frauen haben gewöhnlich im klimakterischen Alter mit Beschwerden der mannichfachsten Art zu kämpfen. Starke sexuelle Thätigkeit in den der Menopause vorausgehenden letzten Jahren hat hingegen entschieden ungünstigen Einfluss auf den Verlauf des Klimakteriums. Frauen, die sich kurz vor dieser Zeit verheirathen, oder Solche, die kurz vor dieser Zeit Entbindung überstanden haben, bieten dann gewöhnlich mehrfache krankhafte Erscheinungen. Dadurch erklären wir uns auch Gardanne's Beobachtung, dass Prostituirte in dieser Lebensepoche viel zu leiden haben.

Schwere Geburten, erschöpfende Wochenbetten, vor Allem aber Krankheiten der Sexualorgane üben in dieser Richtung gleichfalls eine ungünstige Wirkung aus. Dasselbe gilt von dem Umstande, wenn die Menstruation zur Zeit der geschlechtlichen Function stets unregelmässig aufgetreten oder mit Beschwerden mancherlei Art verbunden war. Pseudoplasmen, die zur Zeit der Geschlechtsfunction entstanden sind, wachsen und entwickeln sich meist zur Zeit der Menopause in auffälliger Weise.

4) Die Art der Cessation der Menses steht in causalem Verhältnisse zum leichten oder schweren Verlaufe der klimakterischen Zeit. Ein allmäliges Abnehmen des Menstrualblutflusses in quantitativer und qualitativer Beziehung ist die günstigste Art. Plötzliche Cessation der Menses hat stets einen diese Epoche gefährdenden Einfluss, der sich durch lokale Erkrankungen der Sexualorgane, wie durch allgemeine Störungen des Blut- und Nervensystems kund gibt. Frühzeitiges Eintreten der Menopause ist für die Prognose des Befindens im klimakterischen Alter kein günstiges Moment. Spätes Aufhören der Menstruation hingegen ist gewöhnlich nicht von schlimmen Folgen begleitet.

Von älteren Schriftstellern macht Busch auf die Abhängigkeit der in der Deflorescenz des Weibes sich einstellenden Krankheiten von drei Momenten aufmerksam, von denen wir nur das erste gelten lassen, nämlich von der Constitution, von dem Klima und der Jahreszeit „Was die Constitution betrifft, sagt Busch, so leiden vollsaftige, plethorische Individuen vorzugsweise an solchen Beschwerden, welche vom Blutsystem ausgehen: wo früher schon Verdauungsbeschwerden zugegen waren, da steigern sich diese, und Individuen von reizbarem Nervensystem werden jetzt von mancherlei Nervenzufällen, die Anfangs noch in Krämpfen, später aber mehr in Lähmungen sich aussprechen, befallen. Frauen, welche in ihrer Jugend an Krankheiten des Lymphsystems und namentlich an Scrophulose gelitten haben, welche Krankheiten in den Blüthejahren gewöhnlich zurücktreten, werden von ihnen im höheren Alter wieder befallen. So sehen wir denn aus der Combination mehrerer dieser Zustände Congestionen, Schlagflüsse, Stockungen im Blut- und Lymphsystem, Paralysen, Arthritis, Hydropsien, organische Entartungen, Afterprodukte, Dyskrasien u. s. w. sich bilden." Die Jahreszeiten und das Klima üben aber auf die zur Zeit der Menopause auftretenden Krankheiten jenen allgemeinen Einfluss aus, den sie überhaupt auf Entstehung von Krankheitsprozessen besitzen. Gar zu allgemein gehalten und in dieser Weise gewiss nicht berechtigt ist der Ausspruch Busch's über den Einfluss der geschlecht-

lichen Thätigkeit der Frau auf die Krankheiten des klimakterischen
Alters, wenn er sagt: „Frauen, welche eine ausschweifende Lebensweise führten, der Begattung zu häufig sich hingaben, Onanie
trieben, oder sonst unregelmässig lebten und hiedurch mit schlaffen
und welken Geschlechtsorganen in die Decrepidität treten, neigen
zu Blutungen, Schleimflüssen, Vorfällen, krebshaften Degenerationen,
Hydropsien, Anschwellungen und Vereiterungen, Frauen hingegen
welche in strenger Enthaltsamkeit lebten und die Geschlechtsfunctionen gewaltsam unterdrückten, zeigen häufig Verknöcherungen,
Verhärtungen, Atrophien der Geschlechtstheile und Afterprodukte
in denselben."

Was nun die Sterblichkeit der Frauen im klimakterischen
Alter betrifft, so können wir bei Berücksichtigung der verschiede-
nen, allerdings sich oft widersprechenden Daten angeben, dass die
Sterblichkeit in diesen Jahren keinesfalls erheblich steigt.
Wenn im klimakterischen Alter auch die Zahl der pathologischen
Zustände der Frauen und die Grösse ihrer Beschwerden in den
meisten Fällen eine bedeutende ist, so zeigt sich doch dadurch die
Summe der Todesfälle keineswegs in bedeutender Weise beeinflusst.

Wie schon deren Name anzeigt, galt bei den alten Griechen
das Alter um das 50. Jahr bei den Frauen für ein besonders ge-
fahrvoller Lebensabschnitt. Diesen lange festgehaltenen Grundsatz
bekämpften Deparcieux, Casper und ganz besonders Benoiston de
Chateauneuf. Nach den von diesen Autoren gegebenen statistischen
Ziffern tritt bei den Frauen im 45., 50. Lebensjahre nur diejenige
Steigerung der Sterblichkeit ein, welche als naturgemässe d. h.
durch das allmälig vorrückende Alter bedingte gelten kann. Ja
sie behaupten sogar, dass dieselbe Steigerung beim Manne eintritt,
nur noch ungleich rascher und intensiver als bei dem Weibe, so
dass die Männer auch in diesem Lebensalter viel rascher sterben.

Es dürfte interessant sein aus den Tabellen für die wahrscheinliche Lebensdauer in den verschiedenen Ländern zu entnehmen,
dass dieselbe für Frauen im Alter von 40—50 Jahren grösser angegeben wird, als für Männer dieses Alters, wie aus folgender Zusammenstellung ersichtlich ist:

Wahrscheinliche Lebensdauer:

Alter	Schweden nach Berg		England Farr		Belgien Quetelet		Niederlande Baumhauer		Bayern Hermann		Mittlerer Durchschnitt	
	Männer	Frauen	Männer	Frauen	Männer	Frauen	Männer	Frauen	Männer	Frauen	Männer	Frauen
30—35 Jahre	33	37	35	36	34	36	33	34	34	33	34	35
35—40 „	29	33	31	32	30	32	29	31	30	29	30	31
40—45 „	25	29	27	29	26	28	25	27	26	26	26	28
45—50 „	22	25	23	25	22	25	22	24	22	22	22	24
50—55 „	18	21	20	21	18	21	18	20	18	18	18	20
55—60 „	15	17	16	17	15	17	15	16	15	15	15	16

Diese unsere Zusammenstellung lässt entnehmen, dass in den meisten Ländern die wahrscheinliche Lebensdauer der Frauen im klimakterischen Alter eine grössere sei als die der Männer in denselben Lebensjahren.

Hingegen sind wir betreffs Oesterreichs zu einem anderen, für die Frauen des klimakterischen Alters ungünstigeren Resultate gelangt.

Wir haben aus den offiziellen statistischen Daten über die Sterblichkeit der verschiedenen Lebensalter und Geschlechter in den Jahren 1860 und 1861 in Oesterreich die Ziffern entnommen, welche das Alter von 40 — 50 Jahren betreffen, und gefunden, dass die Sterblichkeit der Frauen im 40. bis 43. Lebensjahre (in welchem Zeitraum die meisten Frauen in Oesterreich die Menses verlieren), grösser ist, als die der Männer in demselben Alter, hingegen geringer, als in dem 2 oder 3 dem klimakterischen Alter vorangehenden und folgenden Jahren.

Es starben nämlich in Osterreich im Jahre 1860:

im Alter von 40 bis 41 Jahren 2110 Männer und 2366 Frauen

„	„	„	41	„	42	„	1622	„	„	1762	„
„	„	„	42	„	43	„	1706	„	„	1755	„
„	„	„	43	„	44	„	1581	„	„	1455	„
„	„	„	44	„	45	„	1969	„	„	1971	„
„	„	„	45	„	46	„	2015	„	„	1946	„
„	„	„	46	„	47	„	1748	„	„	1632	„
„	„	„	47	„	48	„	2002	„	„	1820	„
„	„	„	48	„	49	„	2048	„	„	1888	„
„	„	„	49	„	50	„	2548	„	„	2675	„

Im Jahre 1861 war die Sterblichkeit
im Alter von 40 bis 41 Jahren 2223 Männer 2577 Frauen

„	„	„	41	„	42	„	1894	„	1924	„
„	„	„	42	„	43	„	1966	„	1980	„
„	„	„	43	„	44	„	1702	„	1607	„
„	„	„	44	„	45	„	2129	„	2141	„
„	„	„	45	„	46	„	2311	„	2084	„
„	„	„	46	„	47	„	1884	„	1681	„
„	„	„	47	„	48	„	2010	„	1829	„
„	„	„	48	„	49	„	2051	„	1934	„
„	„	„	49	„	50	„	2837	„	2837	„

Benoiston de Chateauneuf gibt in seinem Memoire sur la mortalité des femmes de l'age de 40 à 50 aus folgende auf dieses Thema bezügliche Tabelle:

Von 100 Frauen starben:			Von 100 Männern starben:
im Alter von	35 Jahren	7,4	8,5
„	„	„ 40	„ 7,7	8,2
„	„	„ 45	„ 8,7	10,3
„	„	„ 50	„ 9,6	12,6
„	„	„ 55	„ 11,1	14,7
„	„	„ 60	„ 13,6	17,7
„	„	„ 65	„ 19,4	22,6
„	„	„ 70	„ 23,0	28,2

Aus dieser Tabelle ergibt sich, dass die Mortalität in den höheren Jahren bei den Frauen in derselben Weise wie bei den Männern sich steigere, aber doch eine geringere als bei den Männern ist. Dasselbe zeigt die folgende

Tabelle für Berlin von Casper.

Von 100 Frauen starben:					Von 100 Männern starben:
im Alter von	35	Jahren	8,7		9,3
„ „ „	40	„	8,8		10,2
„ „ „	45	„	10,8		12,5
„ „ „	50	„	12,6		16,9
„ „ „	55	„	14,4		19,3
„ „ „	60	„	18,4		25,3
„ „ „	65	„	23,3		30,9
„ „ „	70	„	35,4		40,2

Moser gibt auf Grundlage der Erhebungen über die Erkrankungen unter den Berliner Stadtarmen folgende Tabelle:

	Männlich	Weiblich
0 bis 5 Jahren	1 :	0,94
6 „ 15 „	1 :	1,32
16 „ 45 „	1 :	2,12
46 „ 60 „	1 :	1,94
61 Jahre	1 :	2,11

Ferner gibt er betreffs des Sterblichkeitsverhältnisses unter diesen Erkrankten folgende Ziffern an:

Von 0 bis 5 Jahren stirbt 1 männl. Individ. von 10,93 Erkrankten
„ 6 „ 15 „ „ „ „ „ „ 45,67 „
„ 16 „ 45 „ „ „ „ „ „ 29,46 „
„ 46 „ 60 „ „ „ „ „ „ 19,20 „
„ 61 Jahren „ „ „ „ „ 9,77 „
Von 0 bis 5 Jahren stirbt 1 weibl. Individ. von 11,02 Erkrankten
„ 6 „ 15 „ „ „ „ „ „ 48,72 „
„ 16 „ 45 „ „ „ „ „ „ 67,77 „
„ 46 „ 60 „ „ „ „ „ „ 35,21 „
61 Jahren „ „ „ „ „ 16,34 „

Odier und Serre-Malte stellten über die mittlere Lebensdauer folgende Berechnung an. Sie war

		Männern	Frauen
1761 bis 1802 im 40. Lebensjahre bei		23,33	25,38
im 50. Lebensjahre		17,46	18,37
1801 bis 1813 im 40. „		22,81	24,71
im 50. „		16,85	18,45

Aus Quetelet's Physique sociale entnehmen wir den Tabellen

der Sterbefälle in Belgien, dass auf **1** Sterbefall von Männern kommen Todesfälle von Weibern:

Im Alter von	In den Städten	Am Lande
26 bis 30 Jahren	1,00	0,86
30 bis 40 Jahren	0,88	0,63
40 bis 50 Jahren	1,02	0,83
50 bis 60 Jahren	1,07	1,18

Diese Zahlen ergeben also für das klimakterische Alter (40—50 Jahre) eine ganz unbedeutend grössere Sterblichkeit bei Frauen, die am Lande noch geringer ist.

Nach Benoiston de Chateauneuf findet in keinem Lebensalter vom 31. bis zum 70. Jahre eine andere Steigerung in der Mortalität statt, als diejenige, welche nothwendiger Weise durch das höhere Alter erzeugt wird.

Muret de Vaux behauptet, dass nach seiner Beobachtung der Zeitraum vom 40. bis zum 50. Lebensjahre für die Frauen nicht gefährlicher sei, als der vom 10. bis zum 20. Jahre.

Déparcieux hat betreffs der Nonnen die Beobachtung gemacht, dass ihnen der Zeitabschnitt vom 40. zum 50 Jahre nicht gefährlicher als ein anderer sei.

La Chaise behauptet dasselbe von den Pariser Frauen im Allgemeinen.

Nach Brierre de Boismont findet man, wenn man die Sterblichkeit der Frauen zwischen dem 40. und 50. Lebensjahre in den verschiedenen Ländern Europa's untersucht, dass in diesen zehn Jahren eine Steigerung der Mortalität stattfinde, welche in der Provence 2,775 auf 100, in der Schweiz 3,738, in Paris 3.914, in Schweden 1,247 beträgt, in Petersburg, in Berlin gar keine Steigerung vorhanden sei. Wenn man diese Angaben vereinigt, so finde man im Mittel eine Steigerung von 1,913 auf 100 für das klimakterische Alter. Diese unbedeutende Steigerung werde aber noch geringer bei solchen Frauen, welche sich von geschlechtlichen Aufregungen und anderen Excessen ferne halten, im Coelibat und in Zurückgezogenheit, wie die Nonnen leben. Sie ist dann nur 0,438. Hingegen betrage die Steigerung der Mortalität bei Männern im Alter von 40 bis 80 Jahren 4,481.

Sancerotte hat gefunden, dass die Sterblichkeit bei Frauen im Alter zwischen 30 und 40 Jahren grösser ist, als im Zeitraume zwischen dem 40. und 50. Lebensjahre.

Dupuytren sagt in seinen „Leçons orales", dass ungefähr ein Zehntheil der zwischen dem 40. bis 60. Jahre erkrankten Frauen an Affektionen der Eierstöcke, der Gebärmutter und des Halses dieses Organes starben.

Odier hält in allen Lebensaltern, auch während der klimakterischen Zeit die Lebensfähigkeit der Frauen für grösser, als die Männer.

Bei einer vergleichenden Untersuchung der Sterblichkeit der Nonnen und Geistlichen zeigen die Tabellen nach Benoiston aufs Deutlichste, dass von dem 35. bis zu dem 50. Jahre die Sterblichkeit bei den ersteren etwas mehr als 5 auf 100 betrage, dass sie immer nach einer Periode von 5 Jahren sich steigere, aber stets schwächer bleibe, als die der Geistlichen.

Tilt gibt über das Sterblichkeitsverhältniss während der Lebensperiode vom 42. bis zum 49. Jahre folgende Ziffern:

Von 1000 erreichen das Ende dieser Lebensperiode (das 49. Jahr) 900 Männer und 907 Frauen. Es starben daher während dieser Periode von 1000, 100 Männer und 93 Frauen. Das Sterblichkeitsverhältniss in dieser 7jährigen Periode ist bei Männern 10,040, bei Frauen 9,282, das jährliche Sterblichkeitsprocent ist bei Männern 1,434, bei Frauen 1,326.

Von 100 Personen starben im Jahre nach:

dem 43. Geburtstage 8 Personen, 4 Männer 4 Frauen

„ 44.	„	7	„	4	„	3 „
„ 45.	„	8	„	4	„	4 „
„ 46.	„	7	„	4	„	3 „
„ 47.	„	7	„	3	„	4 „
„ 48.	„	7	„	4	„	3 „
„ 49.	„	8	„	4	„	4 „

Ein Hauptmoment der Gefährlichkeit des klimakterischen Alters für die Frauen besteht in der um diese Zeit vorherrschenden Neigung zur Entstehung und Entwickelung von Neubildungen im Uterus und den Brüsten.

Das klimakterische Alter wird allgemein als ein die Entwickelung des Carcinoma uteri begünstigendes Moment betrachtet.

Schon Bayle wies die grösste Frequenz dieses Leidens im fünften Decennium des weiblichen Lebensalters nach.

Die Statistik ist, leider wie immer, in ihren Ergebnissen

schwankend, doch ist die Mehrzahl der Daten für Bayle's Ausspruch.

v. Scanzoni hat bei 108 von ihm an Gebärmutterkrebs behandelten Frauen folgende Altersverhältnisse beobachtet:

Es waren 4 Frauen zwischen dem 20. und 25. Jahre

"	4	"	"	"	25.	"	30. "
"	17	"	"	"	30.	"	35. "
"	18	"	"	"	35.	"	40. "
"	45	"	"	"	40.	"	45. "
"	15	"	"	"	45.	"	50. "
"	4	"	"	"	50.	"	55. "
"	1	"	"	"	55.	"	60. "

Die jüngste von Scanzoni's Kranken zählte 23 Jahre, die
älteste 59 Jahre.

Lebert's Beobachtungen bei 50 Fällen ergaben folgende Statistik:

Vom	25. bis 30. Jahre		5	Fälle	
"	30. "	35.	"	5	"
"	35. "	40.	"	9	"
"	40. "	45.	"	8	"
"	45. "	50.	"	8	"
"	50. "	55.	"	3	"
"	55. "	60.	"	5	"
"	60. "	65.	"	3	"
"	65. "	70.	"	3	"
"	70. "	80.	"	1	"

Von 80 Fällen von Carcinoma uteri, welche auf der Seyfert'-
schen Klinik zur Beobachtung kamen, waren nach Saexinger
(Prager Viertelj. f. prakt. Heilk. 1865) im Alter

von	20 bis 30 Jahren		6	Frauen	
"	30 "	40	"	10	"
"	40 "	50	"	42	"
"	50 "	60	"	15	"
"	60 "	70	"	7	"

Mehr als die Hälfte von diesen 80 Fällen wurde daher bei
Frauen beobachtet, die sich in dem klimakterischen Alter befanden.

Recht lehrreich ist folgende tabellarische Zusammenstellung,
welche die Häufigkeit des Vorkommens von Carcinom

bei Frauen des klimakterischen Alters zeigt. In England traten nämlich im Jahre 1858 — 59 Todesfälle an Krebs ein im Alter von

	männliche	weibliche
15—25 Jahren	43	44
25—35 „	77	184
35—45 „	198	717
45—55 „	329	1110
55—65 „	581	1119
65—75 „	495	876

Im Canton Genf erfolgten unter 1000 Todesfällen aus den verschiedensten Ursachen an Carcinom des Uterus im Alter von 30 — 40 Jahren 12,1 Percente, von 40—50 Jahren 30,0, und im Alter von 50—60 Jahren 16,0 Percente, an Carcinom der Mamma im Alter von 30—40 2,6 Percente, von 40—56 Jahren 10,8 und von 50—60 Jahren 9,5 Percente.

Gusserow (Ueber Carcinoma uteri in Sammlung klin. Vorträge v. Volkmann 1871) stellt 526 Fälle nach Lever, Kiwisch, Chiari, Scanzoni, Saexinger (Seyfert's Klinik) anfolgender Tabelle zusammen:

Im Alter von	20—30	Jahren	standen	12	Frauen		
„ „ „	30—40	„		„	161	„	
„ „ „	40—50	„		„	217	„	
„ „ „	50—60	„		„	102	„	
„ „ „	60—70	„		„	38	„	
Ueber	70 Jahre alt waren				5	„	

Boivin hat Betreffs des Vorkommens von Scirrhus der Gebärmutter bei 409 damit behafteten Frauen betreffs des Alters folgende Beobachtungen angestellt. Es waren:

12 Frauen	unter	20	Jahren
83 „	von	20—30	„
112 „	„	30—40	„
106 „	„	40—45	„
95 „	„	45—50	„
7 „	„	50—60	„
4 „	„	60—70	„

Es ist hieraus ersichtlich, dass im Alter von 30 bis 35 Jahren 303 Fälle von Uteruscarcinom unter 409 vorkommen, hinge-

gen aber auch zahlreiche Fälle schon in den Zwanziger Jahren,
während alle anderen Beobachter die Seltenheit des Uteruscarcinoms vor dem 30. Lebensjahre betonen und seine Entwickelung vor
dem 20. Jahre durch kein unumstössliches Beispiel erwiesen ist.

Dionis schätzt den Einfluss des klimakterischen Alters auf
die Entwickelung des Krebses für so gross, dass er behauptet, dass
unter 20 an Carcinoma uteri leidenden Frauen wenigstens 15 sind,
bei denen sich dieses Leiden erst beim Herrannahen der Cessatio
mensium zeigte.

Tanchon hat genaue statistische Erhebungen über das Vorkommen von Gebärmutterkrebs in den verschiedenen Lebensaltern
und über das Verhältniss desselben zu anderen Geschlechtskrankheiten veranstaltet, deren Resultat folgende Tabelle das Alter der
2568 an Geschlechtskrankheiten leidenden Frauen ist:

Alter	Geschlechts- krankheiten	Gebärmutter- krebs
Vor dem 21. Jahre	25	—
Von 20—30 Jahren	442	86
„ 30—40 „	279	212
„ 40—50 „	137	402
„ 50—60 „	70	353
„ 60—70 „	60	242.
„ 70—80 „	42	147
„ 80—90 „	13	58

Aus dieser Tabelle geht hervor, dass das Vorkommen von
Gebärmutterkrebs im Alter zwischen 40 und 50 Jahren sein Maxi-
mum erreicht.

West hat (in seinen Lectures on diseases of Women) eine
Tabelle zusammengestellt, welche seine eigenen Beobachtungen, so
wie diejenigen von Chiari, Kiwisch, Lebert und Scanzoni
über die Häufigkeit des Carcinoma uteri in den verschiedenen Lebensaltern zusammengestellt.

Darnach waren von 595 Fällen im Alter

von 25—30 Jahren	39	Fälle
„ 30—40 „	166	„
„ 40—50 „	242	„
„ 50—60 „	95	„
„ 60—70 „	48	„
über 70 „	5	„

Hieraus entnimmt man, dass sich unter den 442 Kranken 146 befanden, deren Alter von dem klimakterischen noch weit entfernt war, die Mehrzahl sich aber in den Jahren der Menopause befand. Allerdings ist auch nicht ausser Acht zu lassen, dass die Krankheit bei vielen der 183 erst nach dem 40. Lebensjahre zur Beobachtung gekommenen Kranken bereits vor diesem Alter begonnen habe, da der Verlauf des Uteruskrebses häufig ein sehr langwieriger, mehrere Jahre in Anspruch nehmender ist.

Auch nach Sibley betrug in den von diesen beobachteten 156 Fällen von Uteruscarcinom das mittlere Alter, in welchem dieses Leiden begann, 43,28 Jahre.

Die Tabelle, welche Sibley über die Zeit des ersten Auftretens von Carcinom in den verschiedenen Altersperioden gibt, ist folgende :

Alter	Carcinoma			
	der Mamma	des Uterus	anderer Organe	zusammen
0—10 Jahren	—	—	—	—
10—20 „	—	—	1	1
20—30 „	3	12	5	20
30—40 „	31	34	12	77
40—50 „	58	49	10	117
50—60 „	40	19	13	72
60—70 „	16	5	9 .	30
70—80 „	5	—	2	7
Alle Alter	153	119	52	324

Becquerel gibt sogar als differentiell diagnostisches Zeichen zwischen Uteruscarcinom und chronischer Metritis an, dass Ersteres in der klimakterischen Periode auftritt.

Betreffs des Carcinoms der Mamma ist es als feststehende Thatsache zu betrachten, dass das klimakterische Alter einen die Entwickelung dieser Krankheit begünstigenden und fördernden Einfluss übe, worauf schon Galen aufmerksam gemacht hat.

Unter 158 Fällen von Brustkrebs, welche Paget beobachtete, kamen 40 im Alter von 45 bis 50 Jahren vor. Die statistischen
Untersuchungen Birkett's, Lebert's, Scanzoni's und Velpeau's
beweisen, dass Carcinom der Mamma am häufigsten zwischen dem
40. und 50. Lebensjahre und demnächst zwischen dem 50. und 60.
(und dem 30. und 40.) Jahre vorkommen.

Nach Scanzoni muss die Frage, ob die Entwickelung des
Krebses der Mamma mit der klimakterischen Periode in irgend
einem causalen Zusammenhange stehe, bejahend beantwortet werden. Denn berücksichtigt man, wie häufig die Brüste gleichzeitig
mit den der klimakterischen Periode eigenthümlichen Menstruationsanomalien der Sitz ziemlich intensiver Hyperämien werden, so
liegt die Vermuthung wohl nicht ferne, dass durch diese unge-
wöhnlichen, sich öfter wiederholenden Congestionen zu den Brüsten
die Veranlassung gegeben wird zu einer excessiven Ernährung,
Fortpflanzung und Vermehrung der Zellen, welche letztere in Folge
der mit den Vorgängen in der Genitalsphäre Hand in Hand gehen-
den, uns allerdings nicht näher bekannten Alterationen des Blut-
und Nervenlebens gleichzeitig Veränderungen ihres Zelleninhal-
tes erleiden, die zur Entwickelung von Neubildungen Veranlassung
geben, welche in ihren histologischen, genetischen und sonstigen
Verhältnissen von dem ursprünglichen Gewebe des so erkrankten
Organes wesentlich verschieden sind.

Birkett fand unter 147 Fällen von Carcinoma mammae:

Vom	1.	bis	10.	Lebensjahre	1	Fall
„	10.	„	20.	„	3	Fälle.
„	20.	„	30.	„	11	„
„	30.	„	40.	„	32	„
„	40.	„	50.	„	51	„
„	50.	„	60.	„	29	„
„	60.	„	70.	„	10	„
„	70.	„	80.	„	2	„
„	80.	„	90.	„	7	„
„	90.	„	100.	„	1	„

Courty spricht sich gegen die Ansicht aus, dass das klimakterische Alter die Entwickelung des Uteruscarcinoms begünstige.
Er behauptet im Gegensatze zu den meisten Angaben, dass gerade
die Periode „der grossen geschlechtlichen Thätigkeit" die Epoche

des häufigsten Vorkommens des Gebärmutterkrebses wie überhaupt aller Uterinalerkrankungen sei.

Ein Aehnliches, wie von dem Uteruscarcinom, gilt, wenn auch in Betreff der Häufigkeit des Vorkommens in viel beschränkterem Maasse, von dem Auftreten fibröser Geschwülste am Uterus zur Zeit des klimakterischen Wechsels.

Dupuytren gibt in seinen statistischen Bemerkungen über die Gebärmutterpolypen an, dass unter 57 Frauen, bei denen die Zeit, in welcher die ersten Symptome der Krankheit auftraten, nur unbestimmt angegeben werden konnten, das Alter folgendes war:

1 Frau von 15 bis 20 Jahren
10 Frauen „ 20 „ 29 „
19 „ „ 30 „. 39 „
23 „ „ 40 „ 49 „
3 „ „ 50 „ 59 „
1 Frau „ 60 „

Malgaigne stellte aus der Literatur 51 Fälle von fibrösen Gebärmutterpolypen zusammen, von denen

4 auf das 26. bis 30. Lebensjahr
20 „ „ 30. „ 40. „
16 „ „ 40. „ 50. „
4 „ „ 50. „ 60. „
7 „ „ 60. „ 74. „

kamen. Aus diesen Ziffern ergibt sich das vorwiegende Auftreten der Polypen in dem Alter von 30 bis 50 Jahren.

Nach Chéreau waren von 230 Fällen von Ovarientumoren 133, bei Frauen im Alter von 17 bis 37 Jahren, nach Lee bei 135 Fällen 82, bei Frauen im Alter von 20 bis 40 Jahren, nach v. Scanzoni unter 97 Fällen 70 bei Frauen im Alter von 18 bis 40 Jahren, nach C. West unter 94 Fällen 64 im Alter von 25 bis 40 Jahren.

Was das Alter der Kranken anbelangt, in welchem sich die ersten Symptome der Ovarienkrankheit wahrnehmen liessen, so standen von den 97 Kranken mit Eierstocksgeschwülsten, welche Scanzoni beobachtete

6 *

$$
\begin{array}{llllll}
5 & \text{in einem Alter von} & 18—25 & \text{Jahren} \\
12 & \text{„ „ „ „} & 25—30 & \text{„} \\
21 & \text{„ „ „ „} & 30—35 & \text{„} \\
32 & \text{„ „ „ „} & 35—40 & \text{„} \\
14 & \text{„ „ „ „} & 40—45 & \text{„} \\
6 & \text{„ „ „ „} & 45—50 & \text{„} \\
2 & \text{„ „ „ „} & 50—55 & \text{„} \\
5 & \text{„ „ „ „} & 55—60 & \text{„}
\end{array}
$$

Es unterliegt somit keinem Zweifel, dass der Keim zu den verschiedenen Eierstocksgeschwülsten in der überwiegenden Mehrzahl der Fälle während des geschlechtsfähigen Lebensalters der Frauen gelegt wird.

Ebenso wie von der Gefährlichkeit des klimakterischen Alters, welche namentlich von älteren Schriftstellern stark übertrieben wird, (so leitet Gardanne in seiner Schrift: Avis aux femmes, qui entrent dans l'age critique, Paris 1813, alle krankhaften Zustände, die nach dem 50. Jahre auftreten, von der Involutionsperiode her), sprechen wieder andere Autoren gerade entgegengesetzt von dem wohlthätigen Einflusse, den diese Lebensperiode auf die Gesundheit des Weibes übt.

Naumann (Handbuch der med. Klinik) sagt, dass nach dem vollendeten Durchgang durch diese Periode viele vorher immer kränkelnde Weiber einer früher nie gekannten Fülle von Gesundheit sich zu erfreuen haben. „Viele Frauen bekommen in dieser Zeit ein blühenderes und kräftigeres Aussehen, als sie je vorher gehabt und manche erfreuen sich sogar einer Ruhe und Heiterkeit des Gemüthes, die ihnen früher nicht eigen war. Insbesondere werden solche Individuen, die sonst während der Menstruation und mehrere Tage vor und nach derselben an Herzklopfen und allerlei Krampfbeschwerden litten, die habituelle Kopfschmerzen hatten, von hysterischen Affectionen aller Art befallen wurden, an Unruhe, Schlaflosigkeit und ähnlichen Uebeln litten, nicht selten für ihre ganze übrige Lebenszeit von ihren Beschwerden befreit, und oft vernimmt man von solchen Frauen die freudige Aeusserung, dass sie sich während ihres ganzen bisherigen Lebens nicht eines so ungestörten Wohlbefindens zu erinnern wüssten."

Meissner (l. c.) sagt: Sicher würden auch diese wohlthätigen Folgen häufiger und die nachtheiligen seltener beobachtet worden, wenn nicht bei vielen Frauen eine angeerbte Disposition zu manchen in dieser Lebensepoche eintretenden Krankheiten vorhanden wäre, wenn nicht schon nachtheilige organische Veränderungen im Genitalsysteme häufig dieser Periode vorangingen und nicht zahlreiche Gelegenheitsursachen in einem fehlerhaften Verhalten und fortgesetzten Erregungen des Geschlechtssystems gefunden würden.

V. Capitel.

Veränderungen in den Sexualorganen und im ganzen weiblichen Organismus während der klimakterischen Zeit.

~~~~~~~~~~

Veränderungen in den Sexualorganen.

Der Befund der Veränderungen der Sexualorgane, den wir bei klimakterischen Frauen mittelst Digitaluntersuchung und Ocularinspection ermittelten, ergab im Wesentlichen Folgendes:

An den äusseren Genitalien war meist keine besondere Veränderung wahrnehmbar, zuweilen an der Vulva Röthung der Haut der Falten zwischen den Labien und den Schenkeln zu bemerken. Die Angabe gynäkologischer Werke, welche dahin lauten: „Die äusseren Schamlefzen büssen durch Abnahme des Fettpolsters ihre Rundung ein, sie werden dünner, nehmen die Gestalt leerer Hautfalten an, und stehen von einander ab, so dass die äussere Mündung der Vagina jetzt von den welken Nymphen verschlossen wird, der mons Veneris sinkt in Folge der Fettabnahme des Unterhautzellgewebes ein, und die denselben deckenden Haare werden dünner", diese Angaben können wir für das klimakterische Alter nicht bestätigen. Sie finden ihre Geltung für das weit höhere Alter der Frauen, in welchem der Involutionsprozess bereits lange vollzogen ist und die senilen Veränderungen der Gewebe hervortreten. Der Scheidenkanal ist meist weit, die Vaginalschleimhaut glatt, geröthet, stark secernirend. In selteneren Fällen fühlt sie sich fest und trocken an.

Der Uterus ist in der Mehrzahl der Fälle tief herabgesunken, die verschiedensten Lageveränderungen bietend. Zuweilen lässt sich durch die Sonde eine Verkleinerung desselben nachweisen, der Uterus erscheint dann kürzer, die Wandungen sind verdünnt, die Vaginalportion verkürzt sich und ist von härterer Consistenz. Zuweilen fühlt diese sich aber für den untersuchenden Finger auffallend w e i c h (wir möchten sagen, in ähnlicher Weise wie bei gravidem Uterus) an). Fast ebenso häufig als verkleinert fanden wir auch den Uterus vergrössert, den Cervicaltheil abnorm hart, das Gewebe indurirt. Der äussere Muttermund bietet zumeist statt einer Querspalte die Form einer r u n d e n Oeffnung, die in markirter Weise klafft, nicht selten Excoriationen und Ulcerationen zeigend. Bei Frauen, welche f r ü h z e i t i g die Menses verloren haben, sei es durch acute Krankheiten, durch nervöse Einflüsse oder durch constitutionelle Verhältnisse (wie Fettleibigkeit) fanden wir viel häufiger und deutlicher die Atrophie des Uterus nachweisbar, als bei Frauen, welche normal in's klimakterische Alter treten.

Zu dem häufigsten Befunde bei klimakterischen Frauen gehört Katarrh der Uterinal - und Vaginalschleimhaut, sowie Prolapsus uteri. Dieser wie die übrigen Zustände werden später ausführlich besprochen.

Ueber die a n a t o m i s c h e n V e r ä n d e r u n g e n in den weiblichen Sexualorganen zur Zeit der Menopause ist eigentlich noch nichts Näheres bekannt. Die Untersuchungen der pathologischen Anatomen betreffen zumeist d a s h ö h e r e A l t e r, die Zeit nach dem Aufhören der Menses.

Der U t e r u s geht zur Zeit, wo er aufhört, seine physiologische Function zu erfüllen, wo die Menstruationsthätigkeit schwindet und die Conceptionsfähigkeit erlischt, wesentliche Veränderungen ein. Es tritt A t r o p h i e des Uterus ein. Der Uterus wird kleiner als er früher gewesen, seine Wandungen werden dünner, seine Höhlung enger, sein Gefässreichthum wie seine Empfindlichkeit nehmen ab. In dem hohen Grade der Morschheit des Muskelgewebes liegt eine wichtige Bedingung des häufigen Vorkommens der sogenannten Apoplexia senilis daselbst. Der C e r v i x nimmt an den Vorgängen im Körper des Uterus gleichen Theil; die Vaginalportion verkürzt sich, das Os uteri wird kleiner, der innere Mttermund ist zuweilen obliterirt. Zuweilen geschieht es, dass der äussere und innere Muttermund eine Atresie eingehen und der canalis cervicalis frei bleibt. Hiedurch entsteht, besonders wenn die Uterushöhle und der canalis cervicis mit Schleim oder fungösen Excrescenzen angefüllt sind, der sogenannte U t e r u s b i c a m e r a t u s v e t u l a r u m, welchen M a y e r ausführlich beschrieben hat (Be-

schreibung einer Graviditas interstitialis uteri, nebst Beobachtungen
über die merkwürdigen Veränderungen, welche die weiblichen Genitalien und namentlich der Uterus im hohen Alter erleiden. Bonn
1825). Beide Höhlen gewinnen die Gestalt zweier auf einander
sitzender Kugeln, zwischen denen eine deutliche Einschnürung besteht, und welche gewöhnlich eine leichte Knickung zwischen beiden gestattet. An und in der Oeffnung des äusseren Muttermundes
fehlt fast nie ein Tropfen glasigt gallertartigen Schleimes.

Mit dem Schwunde des Uterus ist auch immer Atrophie der
O v a r i e n verbunden.

Die O v a r i e n gehen während des klimakterischen Alters einer
langsamen, aber stetigen Atrophie entgegen. Sie werden kleiner.
Runzeln an der Oberfläche der Eierstöcke alter Weiber sind nicht
die Folgen nach der Berstung der Follikel zurückbleibender Narben, sondern die Wirkung des Schrumpfens, der Atrophie des Organes selbst. Bei sehr bejahrten Frauen gleichen die Ovarien kleinen, platten zusammengeschrumpften, von einer verdickten, perga.
mentartigen Haut gebildeten Körpern. Das Gewicht der Ovarien,
in der-Evolutionsperiode bis zu $1\frac{1}{2}$ Drachmen nach Graaf betra-
gend, sinkt auf einen Scrupel und mehr herab. Zuweilen nehmen
die Ovarien so sehr an Grösse ab, dass von ihnen zuletzt nichts als
eine fibrovasculäre Verdickung übrig bleibt, welche die Stelle anzeigt, wo die Ovarien früher gesessen haben — allerdings ein auch
bei sehr alten Frauen höchst seltener anatomischer Befund. G e -
n a u e r e h i s t o l o g i s c h e U n t e r s u c h u n g e n, d i e i c h a n e i n e r
g r ö s s e r e n Z a h l O v a r i e n v o n F r a u e n i m A l t e r v o n 4 2
b i s 7 5 J a h r e n im pathologisch-anatomischen Institute in Prag
vornahm, ergaben im Wesentlichen folgendes vorläufige Resultat: In der äusseren Schichte des Ovarialstromas, der sogenannten Albuginea nimmt im späteren Alter die Z a h l d e r a u s
d e r b e n B i n d e w e b s f a s e r n b e s t e h e n d e n S t r a t a wesentlich
zu, so dass sich mehrere Schichten desselben unterscheiden lassen.
In dem Ovarialstroma zeigen sich die korkzichartig g e w u n d e n e n
A r t e r i e n b e t r ä c h t l i c h a u s g e d e h n t. Als auffälliges charakteristisches Unterscheidungszeichen von dem Befunde bei Ovarien
jüngerer Individuen fand ich die Zeichen f e t t i g e r D e g e n e r a -
t i o n in der Zellenschichte der Rindensubstanz zahlreiche gruppen-
förmige vorkommende „Körnchenkugel", kugelförmige Aggregate
von Fetttröpfchen. Die Graaf'schen Bläschen waren theilweise noch

erhalten, boten aber zumeist pathologische Veränderungen. Ihr
flüssiger Inhalt fehlte und waren in dem Inneren der Bläschen gleichfalls Fetttröpfchen gruppenweise vorhanden. Zuweilen fand ich die
Follikel zu einer Art fibröser Masse umwandelt. Das Mikroskop
zeigte einen Complex von dicken Faserzügen nach verschiedenen
Richtungen, zwischen denen das Gewebe rundlich lappenförmig angeordnet war. Bei sehr alten Weibern war jede Spur der früheren
Follikel verschwunden und zeigte sich das ganze Ovarium in eine
fibrös zellige Substanz mit vergrösserten Gefässzügen verwandelt.

Die Tuben werden schlaffer, dünner, kürzer und obliteriren
zuweilen.

Cruveilhier hat die meist nur bei alten Frauen vorkommende Blutung in das Gewebe der Gebärmutter als Apoplexia uteri
beschrieben. Der Gesammtuterus befindet sich hiebei immer im
Zustande marantischer Atrophie, ist schlaff, morsch, brüchig, auf
seinem Durchschnitte ragen die rigiden Arterien als weissliche nicht
retrahirte Stümpfe etwas hervor. Die Schleimhaut der hinteren
Wand vorzugsweise — mitunter ausschliesslich — und von dieser
an das Uterusgewebe in verschiedener, doch niemals beträchtlicher
Tiefe, erscheint schwarzroth, mürbe, leicht zerreisslich, in eine
gleichförmige, einem gestockten Blute ähnliche Masse verwandelt.
Cruveilhier unterscheidet nach der Dicke der ergriffenen Schichte
drei Arten oder Grade der Erkrankung.

Graaf gibt an, dass nach dem kritischen Alter die Gebärmutter zu derselben Grösse zurückkehre, welche sie bei der Jung-
frau hat.

Mayer in Bonn gab das Obliterirtsein des Os uteri im klimakterischen Alter als Norm an, wogegen aber die Abbildungen
von Röderer (Icones uteri humani) sprechen.

Tilt hat diese Obliteration des Os uteri bei fünf Frauen, die
zehn bis fünfzehn Jahre nach der Menopause waren, gefunden.

Kiwisch sagt: Die äussere Scham participirt an der allgemeinen Erschlaffung der Haut, die Nymphen verschwinden fast gänzlich, ebenso die Runzeln der Scheide. Diese verkürzt sich; das
Fett- und Zellgewebspolster um den Vaginalmund schwindet, der
Scheidengrund schrumpft konisch zusammen, die Verkürzung der
Vagina begünstigt den so häufigen Prolapsus uteri, da zugleich auch
die peritonealen Verbindungen des Uterus erschlafft sind.

Rokitansky sagt in seiner pathologischen Anatomie über
die Veränderungen der weiblichen Sexualorgane im Alter Folgendes:
Atrophie des ganzen Uterus kommt, im vorgeschrittenen
Lebensalter oft sehr frühzeitig nach dem Aufhören der Menstruation vor. Meist ist die Uterushöhle verengert (concentrische Atrophie) und es ist hie und da im Uteruscavum, zumal von den Seiten her, im Cervix, nächst den Orificien zu Verwachsungen der
Schleimhaut gekommen. Manchmal ist die Uterushöhle bei derlei
Verwachsungen im Cervix von angesammeltem Schleimsecrete erweitert (excentrische Atrophie) die Uterussubstanz ist dabei dichter
zäh oder, besonders im vorgerückten Lebensalter, gelockert, morsch,
fahl, von erweiterten rigiden, verknöchernden Arterien durchsetzt
— ein Zustand, der zu Blutungen (Apoplexia uteri) disponirt.

Die im vorgerückteren Lebensalter vorkommenden Flexionen
des Uterus haben ihren Grund in seiner Gewebsstörung: Der
Uteruskörper ist bis an den Cervix hin in seiner Substanz morsch,
von rigescirenden Gefässen durchzogen, schlaff und dünner, sein
Cavum erweitert, mit catarrhalischem Secrete erfüllt, der Cervix in
seinem Bindegewebsstratum von Naboth'schen Bläschen durchsetzt,
ja im Wesentlichen von deren andauernder wuchernder Production
an Masse erschöpft, atrophirt, nach Innen von deren Dehiscenz zu
einem Fachwerke degenerirt, dessen Lamellen hie und da unter
einander von entgegengesetzten Punkten her verwachsen. Solches
findet insbesondere an der Stelle des Orificium internum statt, ja es
ist hier mit der gedachten Verwachsung zu einer narbenartigen,
einschnürenden Retraction des atrophirten, erschöpften Bindegewebsstratum's, zur Atresie gekommen. An dieser Stelle biegt sich
der Uteruskörper in Form einer Infarction ab und zwar nach hinten oder weitaus gewöhnlicher nach vorne.

Prolapsus uteri kommt sehr häufig in der späteren Lebensperiode vor.

Die Apoplexia uteri kömmt bei bejahrten Individuen vor,
wo sie in dem Morschsein der Uterussubstanz und der Brüchigkeit
ihrer Gefässe bedingt ist. Ihr Sitz ist der Fundus uteri und von
ihm nach abwärts vorzüglich, ja fast ausschliesslich, die hintere
Uteruswand, in seltenen Fällen diese allein. Die morsche Uterussubstanz erscheint schwarzroth, bis zum Unkenntlichsein von extra-
vasirtem Blute infarcirt, welches auf der Schnitt- oder Rissfläche
in verschiedener Menge hervorsickert; die Schleimhaut ist gemein-

Epithelien der Tubarschleimhaut haben ihre Cilien verloren und
sind häufig in einfache sogenannte Uebergangs - Epithelien umge-
wandelt.

Von Wichtigkeit für die Erklärung der Vorgänge des klimakterischen Alters wäre ein näherer Einblick in die Veränderungen der Ovarien um diese Zeit, welche natürlich den regressi-
ven Prozess eingehen. Der Gang der normalen Rückbildung der
Follikel ist nach Grohe (Verh. Archiv 1863) folgender: Die Mem-
brana granulosa degenerirt unter allmäliger Resorption des liquor
folliculi fettig, und durch Schrumpfung des umgebenden Stroma's
verkleinert sich die Höhle, bis dieselbe endlich mit dem völligen
Verwachsen der Wände geschwunden ist. Das Ei geht, wie es
scheint, unter allmäligem körnigen Zerfall zu Grunde. Die in solcher Weise entstandene Narbe besteht einfach aus einer Verdicht-
ung des Stromas, und am Durchschnitte bemerkt man dichte Fa-
serzüge concentrisch um eine Art von Kern angeordnet und stellenweise eingezogen. In anderen Follikeln soll sich eine dicke opake
Glasmembran entwickeln, welche sich an die Innenfläche der Ei-
kapsel anlegt, und bei der Schrumpfung der letzteren als breiterer
oder schmälerer Streifen zurückbleibt.

Courty äussert sich über die Veränderungen der weiblichen
Sexualorgane im Alter: Bei alten Frauen tritt Atrophie des Uterus ein und erstreckt sie sich mehr auf den Körper als auf das collum
uteri. Der Uterus wird dadurch auf jene Verhältnisse zwischen cor-
pus und collum zurückgebracht, welche bei kleinen Mädchen herrschen oder mindestens zur Zeit vor Ausübung der geschlechtlichen
Functionen. Mit Cruveilhier in Uebereinstimmung sei betont,
dass eine Verwischung der Vaginalportion des collum sehr häufig
ist. Natürlich betrifft diese Beschreibung nur den Durchschnitts-
typus, denn es ist zum Beispiele nicht selten, dass bei einer alten
Frau partielle Hypertrophie oder passive Congestion gefunden wird
oder eine andere organische Veränderung, welche die normale Reduction des Volumens des Uterus masquiren. Die Ovarien nehmen
zur Zeit der Menopause geringere Dimensionen an und zeigen bei
alten Frauen vollkommene Atrophie.

Hewitt sagt über diese Veränderungen in den Sexualorganen
des Weibes: „Ist das klimakterische Alter vorüber und hat das
uterine Leben aufgehört, dann finden wir den Zustand der Gebärmutter demjenigen analog, in welchem er sich vor der Pubertät

befunden hat, das Organ atrophirt — physiologischer Tod — und die Fähigkeit zu erkranken hört grösstentheils gleichfalls auf. Der Uterus liegt unthätig und kraftlos in der Oeconomie da".

Im höheren Alter hat nach Guyon (Sur les cavités de l'utérus, Paris 1858) die Uterushöhle die Tendenz, sich gegen die Höhle des Cervicaltheiles abzuschliessen. Unter 20 Uteri von Frauen zwischen 50 und 77 Jahren war bei 13 das Ostium uterin. int. völlig obliterirt, bei 5 ansehnlich verengt.

v. Scanzoni hält die Atrophie der Gebärmutter, wie sie in der Decrepiditätsperiode zu Stande kömmt, insoferne von praktischer Bedeutung, als sie die bereits geschilderte, manchmal mit heftigen äusseren Blutungen verbundene Apoplexie zur Folge hat und durch Verengerungen und Verschliessungen des Cervix Anhäufungen von grösseren Mengen Schleimes in der Uterushöhle herbeiführt, welche zuweilen namhafte Beschwerden bedingen.

v. Scanzoni hat einige Fälle beobachtet, in welchen junge, früher ganz gesunde und regelmässig menstruirte, später aber von einer Paralyse der unteren Körperhälfte befallene Frauen von dieser Zeit an Amenorrhoe litten und eine auffallende Kleinheit der Gebärmutter darboten, welche einige Male bei den Sectionen als auf wirklicher Atrophie des Organes beruhend, nachgewiesen werden konnte.

Jaquet hat einen ähnlichen Fall von Atrophia uteri bei einer Dame zu beobachten Gelegenheit gehabt, welche seit ihrem 22. Lebensjahre und $1^1|_2$ Jahre nach der Geburt ihres zweiten ausgetragenen Kindes, in Folge des Schreckens über den Anblick einer Barrikadenerstürmung vor ihrer Wohnung an Amennorrhoe leidet und einen nur 3 Cm. langen Uterus hat.

Die Brustdrüsen schrumpfen im klimakterischen Alter, die Milchgänge obliteriren, das Fett schwindet, die Brüste hängen als fettlose Hautlappen herab. Nach v. Scanzoni schrumpfen die Terminalbläschen und sind im 60. Jahre bereits gar nicht mehr wahrzunehmen. Die Milchkanälchen werden enger, obliteriren, verkalken (Albers) verknöchern und geben so der Brust ein ungleichartiges, knotiges Gefüge. Die Brustwarze springt hervor, der Hof wird dunkel gefärbt, gerunzelt. Diese Veränderungen beginnen in den kleinsten Milchkanälchen und schreiten auf die grösseren Drüsenkanälchen fort, häufig ist damit die Bildung cystöser Räume verbunden. Es schwindet damit zugleich das subcutane und interstitielle Zellgewebe, so dass nur Spuren der Mammae zurückbleiben oder letztere verwandeln sich in schlaffe, herabhängende Hautsäcke, welche einen welken, fettlosen Zellstoff und die Rudimente des Drüsenparenchyms einschliessen. Häufig und insbesondere mit allgemeiner Fettanhäufung kommen starke Fettbrüste vor mit gleichzeitiger Involution der eigentlichen Brustdrüse. . Ist die Obliteration der Milchkanälchen partiell, so ist es zuweilen der Fall, dass die Zwischenräume der offenen Stellen sich zu grösseren und kleineren Cysten ausdehnen, die mit einer rahmartigen oder serösen, bläulichen, käsigten Masse angefüllt sind und rosenkranzartig neben einander liegen. Diese können Veranlassung zu chronischer Entzündung und Eiterung geben.

In den klimakterischen Jahren scheint nach H e n l e bei Frauen eine weitere Rückbildung des drüsigen Elementes und auch ein Schwinden des bindegewebigen Stroma einzutreten. Einzelne Milchgänge erhalten sich bis in ein hohes Alter offen und füllen sich mit feinkörnigem Fett und Cholestearinkrystallen.

K l o b sagt über die klimakterische Rückbildung der Brustdrüsen folgendes: Vom Drüsenstroma ist keine Spur zu finden, grosse Fettlager ersetzen seine Stelle und das Drüsengewebe ist nur durch ein Convolut weiter, mit grüngelber Flüssigkeit erfüllter, öfters varicöser Gänge vertreten. Selbst in voluminösen Brüsten alter Frauen findet sich nichts als Fett nebst diesen Gängen. Die Rückbildung der Gänge erfolgt centripetal; zuerst vergehen die Drüsenbläschen. Bei noch m e n s t r u i r e n d e n F r a u e n schreitet dieser Rückbildungsprocess aber nie so weit vorwärts, dass das fibroide Stroma ganz aufgezehrt würde, und eine solche Drüse muss insoferne für funktionstüchtig gehalten werden, als zwar die an der Peripherie gelegenen Drüsenpartien für immer verödet sind, die centralen hingegen noch immer zu necessirenden Bläschen sich entwickeln können.

L i t z m a n n gibt (Wagner's Handw. d. Physiol.) das am deutlichsten und prägnanteste physiologische Bild des Alters weiblicher Decrepidität:

„Gegen das 50. Jahr, bald früher, bald später, hört die typische Reifung und Lösung der Eier, wie sie den Erscheinungen der Menstruation zum Grunde liegt, auf, die Eier vergehen nach und nach und eine Involution der Follikel beginnt. Ich habe eine ziemliche Menge von Ovarien in dieser Beziehung untersucht. Nach dem

45. Jahre fand ich in keinem Falle mehr normale Follikel mit
Eiern in demselben enthalten. Zwischen dem 45. und 50. Jahre
fand ich bei einigen, die aber auch schon längere Zeit nicht mehr
menstruirt hatten, sowohl an der Oberfläche als in der Tiefe des
Parenchyms kleine, röthlich durchschimmernde, sehr elastische, aus
einer zellgewebigen Membran gebildete Bläschen, meist von der
Grösse eines Stecknadelkopfes, oft zwei bis drei dicht neben einander, mit einer rothen Masse gefüllt, die unter dem Mikroskope
grösstentheils aus Blutkörperchen bestand; Eier waren darin nicht
zu entdecken. Ich möchte diese Bläschen für retrograde Follikel
mit den Residuen einer unvollkommenen menstrualen Congestion
in Anspruch nehmen."

„Ausserdem fanden sich in diesen Ovarien, sowie in sämmt-
lichen, die ich aus späterer Zeit bei Jungfern wie bei Frauen, die
geboren hatten, untersuchte, eine Menge weisser, unregelmässig
rundlicher oder ovaler, oft wie schwach gelappter Körperchen von
$^1/_4$ bis $^1/_2$ bis 1''' und darüber im Durchmesser, durch das Parenchym zerstreut. Sie liessen sich leicht aus dem umgebenden Stroma
lösen, selten jedoch in ihrem ganzen Umfange, sondern hingen gewöhnlich an einer von der Peripherie abgewandten Stelle — wahrscheinlich dem früheren Gefässhylus — durch einen bald weiteren,
bald dünneren sehnigen Streifen fester mit demselben zusammen.
Die meisten bestanden aus einem dicken, aus Zellgewebsfasern mit
Kernen und Kernfasern gewebten Balge, in der sich nur eine ausserordentlich kleine Höhle, die auf der Durchschnittsfläche als
feine Spalte erschien, ohne wahrnehmbaren Inhalt entdecken liess ;
einige schienen durchweg voll zu sein. Ich halte es für kaum
einem Zweifel unterworfen, dass diese Körperchen oder Bälge die
rückgebildeten Follikel sind, obwohl mir die Zwischenstufen fehlen,
um den Modus dieser Rückbildung zu verfolgen. Wahrscheinlich
verkümmert zuerst das Eichen, löset sich auf, wird resorbirt, die
Wände des Follikels verdickeln sich, schrumpfen zusammen und
so schwindet allmälig die Höhle bis auf ein Minimum, oder selbst
ganz."

„Mit der Involution der Follikel schwindet gleichzeitig das
Parenchym der Ovarien, sie werden dicker und glatter, verlieren
ihre Glätte und erscheinen an der Oberfläche mehr oder weniger
ungleich, indem die eingesunkenen Stellen beträchtliche Vertief-
ungen bilden. Die Tunica fibrosa dagegen fand ich stets sehr ver-

dickt, zumal an den äusserlich hervorragenden Stellen. Corpora lu-
tea von früherer Schwangerschaft oder Menstruation waren nur selten noch erkennbar, obwohl aussen deutliche sternförmige Narben
sich zeigten. Bisweilen jedoch fand ich hier beim Einschnitt eine
schwarze körnige Masse von einer weissen, unregelmässig runden,
zellgewebigen Kapsel eingeschlossen, oder ohne scharfe Begrenz-
ung in Häufchen zwischen den Zellgewebsfasern des Stroma abge-
lagert."

„Das Vergehen der Eier — räthselhaft freilich wie alle typischen Vorgänge im Organismus — enthält jedenfalls für uns den
nächsten Grund, wesshalb das geschlechtliche Leben des Weibes
nach dem 40. Jahre erlischt, die Menstruation hört auf, die Conceptionsfähigkeit schwindet. Werfen wir zum Schlusse noch einen
kurzen Blick auf die Veränderungen, welche die Involution in
den übrigen Geschlechtsorganen hervorbringt. Das Fett des Scham-
hügels wird resorbirt und verliert sich, seine Haare sterben ab und
fallen aus, die Schamlippen schwinden, werden runzelig und schlaff,
die Scheide verliert ihre Falten und wird ganz glatt. Der Uterus
wird unregelmässig abgerundet, unabhängig von vorausgegangenen
Schwangerschaften, und verkleinert sich, zumal bei alten Jungfern,
oder nach wiederholten, durch rasche Aufeinanderfolge erschöpfenden Geburten. Dieser Marasmus ist gewöhnlich mit einer Verengerung seines Cavums — concentrischer Atrophie — verbunden.
Die Substanz erscheint dabei bald lederartig, zäh, weiss, hart, fa-
serknorpelähnlich, bald, besonders im Grunde auffallend mürbe,
morsch, von blassröthlichem, gelbröthlichem, bisweilen schiefer-
grauem Ansehen, mit verdickten, rigiden, selbst verknöcherten Gefässen. Dieser letztere Zustand disponirt vorzüglich zu der im
späteren Alter nicht seltenen Apoplexia uteri, die manchen für wiederkehrende Menstruation gehaltenen Metrorrhagien zu Grunde
liegt, oft aber auch ohne bemerkbare Symptome nur eine mehr
oder weniger ausgedehnte Blutinfiltration der Uterinsubstanz und
Zertrümmerung zu einem blutigen, dunkelrothen, später rostbrau-
nen, safrangelben Brei bedingt".

„Die Brüste schwinden mit dem Eintritte der Decrepidität
ebenfalls, am frühesten, wenn ihre Thätigkeit oft durch Säugen an-
gestrengt war, oder nach völliger Geschlechtsunthätigkeit. Selbst
wo der Verlust an Masse gering erscheint, ist dennoch die Drüsensubstanz geschwunden und durch Fett ersetzt".

Canstatt entwirft in seiner Monographie der Krankheiten des höheren Alters folgende Schilderung der Veränderungen im weiblichen Sexualsysteme um diese Zeit: Der Schamberg ist abgeglattet, das Fett in demselben verschwunden; die Schamhaare fallen aus und verlieren ihre gekräuselte Gestalt. Die grossen Schamlefzen werden dünn und schlaff; von den Nymphen bleibt fast keine Spur. Bei Frauen, welche oft geboren haben, verschwinden die Runzeln der Scheide, diese verkürzt sich. Der Uterus wird trocken, hart, fasf scirrhös, weisslicht, verliert an Volumen und seine Gestalt wird länglich, besonders hart ist der Mutterhals. Zuweilen ist dieser auch schlapp wie eine Membran. Der Muttermund ist oft geschlossen; fibröse knorpelartige Körper finden sich oft in der Gebärmuttersubstanz bei alten Frauen. Die Eierstöcke werden kleiner, verschrumpfen, einer verdickten Membran ähnlich, bekommen tiefe Einschnitte und Furchen, ihr Gewicht, welches bei manubaren Individuen 1½ Drachmen nach Graaf beträgt, sinkt bei alten Frauen auf 1 Scrupel herab. Die Eier werden kleiner und verwandeln sich bisweilen in harte fibröse, weisse oder graue Kügelchen oder Tuberkeln. Nach einer Mittheilung Rudolf Wagner's scheinen die Graaf'schen Bläschen biem Weibe im höheren Alter sehr leicht zu degeneriren und nicht selten, den Ausgangspunkt der ausgezeichnetsten Form von hydrops ovarii zu bilden. In den Eierstöcken bleiben von den gelben Körpern oft nur gelbe Flecke zurück. Die Fallopischen Röhren sind verschlossen, die Gefässe des Uterus verengern sich."

„Die Brustdrüsen der Frauen werden im Alter kleiner, runzlich, schlaff, hängen herab, schrumpfen zu blossen Hautfalten zusammen. Je öfter sie zum Säugen gedient haben, desto schlaffer werden sie. Die Farbe der Brustwarzen und ihres Hofes wird dunkler. Das Zellgewebe der Brüste ist fettlos, sehnigt und zähe, die hintere Fläche der Drüse hängt fester mit dem grossen Brustmuskel zusammen. Die Milchgänge sind obliterirt."

Die wichtigste und auffälligste Erscheinung des klimakterischen Alters ist das Unregelmässigwerden und endliche Ausbleiben der Menstruation, welches in dem Vergehen der Ovula und der Involution der Follikel seinen Grund hat, dessen nähere Erklärung uns wie die aller typischen Vorgänge des Organismus noch räthselhaft ist.

Man hat das Starrwerden der elastischen Fasern im höheren

Alter und die in Folge dessen eintretende Verkleinerung, Zusammen-
schrumpfung der Gebärmutter als die nächste Ursache der ausblei-
benden Menstruation angegeben; allein die Erfahrung lehrt, dass
diese in den inneren Geschlechtsorganen zur Zeit der Involution
eintretenden Veränderungen nicht dem Ausbleiben der Menstruation
vorausgehen, sondern nur sehr allmählig zu Stande kommen.

d'Outrepont entdeckte bei mehreren Frauen im klimakterischen Alter Hartwerden und allmäliges völliges Verschwinden des
Mutterhalses und wollte dies als Ursache des Ausbleibens der Menses betrachtet wissen.

Dewees sah in dem Verhärten und Abwelken der Ovarien
den Grund, dass der Menstrualfluss aufhört.

Siebold bezeichnet als die normalen Ursachen, welche dem
Ausbleiben der monatlichen Reinigung in dem höheren Alter zu
Grunde liegen, folgende: 1) die Abnahme der Vitalität im Organismus überhaupt und der productiven Thätigkeit im Uterinsystem
insbesondere, als eine natürliche Folge des höheren Alters und der
öfters so manigfaltigen Einflüsse, welche auf jenes gewirkt haben
z. B. die Reinigung selbst, Blutflüsse, weisser Fluss, Beischlaf,
Schwangerschaften, Entbindungen, Wochenbetten, Lochien und Blutflüsse in diesen, Stillung u. s. w. 2) Die Gebärmutter tritt nach
und nach wieder in das Verhältniss vor der Geschlechtsreife, sie
wird allmälig härter und kleiner, sie bekommt wieder nicht mehr
Blut, als sie zur Erhaltung ihrer Existenz nothwendig hat, sie wird
ihrer eigenthümlichen Function und der vorigen organischen Ge-
meinschaft enthoben und wieder auf die unterste Stufe des Lebens
gesetzt. 3) Die Abnahme der Conceptionsfähigkeit, welche um so
eher erschöpft wird, je öfter durch vorhergegangene Befruchtungs-
akte diese Thätigkeit geweckt wurde. 4) Die Abnahme der Thätigkeit in dem Ernährungsprozesse des Organismus überhaupt, dem-
zufolge schon in der Regel weniger Blut im Alter erzeugt wird.

Veränderungen im Gesammtorganismus der Frau.

Im Gesammtorganismus der Frauen zeigen sich im klimakterischen Alter mannigfache Veränderungen, welche sich vorzüglich auf zwei Momente, nämlich: Blutstockungen mit
ihren Folgen, Andrang von Blut zu verschiedenen Organen, Blut-
wallungen, Secretionsveränderungen und dann auf Alterationen des

oder aufgehoben wird. Die Veränderungen, welche zur Zeit der Menopause in den inneren Sexualorganen vorgehen, geben hiezu reichliche Veranlassung. Mit diesen Stockungen im Venensysteme gehen natürlich Stauungshyperämien und collaterale Wallungen einher.

Die Stauungshyperämien geben sich kund durch Hyperämie der Magen- und Darmschleimhaut, die sich häufig bis zu den Symptomen von Magen- und Darmkatarrh steigern und in Folge derselben die verschiedenartigsten Verdauungsbeschwerden hervorrufen. Eine fernere Folge sind Leberhyperämien. Der Druck der blutstrotzenden Gefässe auf die Gallengänge hindert die Gallenausscheidung, was einen leichten Icterus veranlassen kann. Weiters veranlassen die Blutstauungen im Unterleibe, Blutüberfüllung der Hämorrhoidalvenen dadurch den unter dem Namen des Hämorrhoidalleidens bekannten Symptomencomplex.

Bei längerer Dauer kann die Blutstockung weitere Blutüberfüllungen und krankhafte Veränderungen in den verschiedenen Organen veranlassen: Lungenhyperämie und Bronchialkatarrh, Hyperämie in den Meningen und dadurch häufige Kopfschmerzen, Schwindel, Ohrensausen, Blutüberfüllung der Chorioidalgefässe, Störungen im Sehvermögen u. s. w.

Blutwallung (Fluxion, active Congestion) bedeutet nach Virchow das vermehrte und zugleich meist das beschleunigte Einströmen des Blutes in einen Theil zufolge der Verminderung der Widerstände im Verhältnisse zur Triebkraft des Blutes. Einen solchen Wallungsvorgang bildet die fliegende Hitze, ardor fugax zur Zeit der Menopause, ein Glied in der langen Kette der hysterischen und hypochondrischen Affectionen dieses Alters.

Am deutlichsten erscheint die „fliegende Hitze" gewöhnlich am Gesichte, Kopfe und Halse, wo sie durch eine plötzliche Röthung und eine überfluthende „aufsteigende" Wärme, die sogenannte „Brühhitze" sich äussert. Dazu gesellt sich leicht ein spannendes Gefühl, als wollten die Theile platzen. Es zeigt sich eine gewisse Turgescenz, die Augen leuchten und prominiren stärker, der Kopf wird schwer, leicht benommen oder schwindlig, das Gesicht ist wie umflort, das Denken erschwert. Zuweilen zeigen sich diese Erscheinungen mehr anhaltend, andere Male erreichen sie durch den Ausbruch eines localen oder allgemeinen Schweisses, durch Nasenbluten ihr Ende, in anderen Fällen wieder lassen sie

7 *

Nervensystems zurückführen lassen. Daher geben auch die
allgemeinen Veränderungen im Organismus um diese Zeit sich vorzüglich durch die verschiedensten Symptome des gestörten Blutkreislaufes, Congestivzustände des Centralnervensystems, Röthe
des Gesichtes, die sogenannte fliegende Hitze, Neigung zu Nasenbluten, zu Hämorrhoidalblutungen, stärkere Transpiration sowie
anderseits durch die verschiedenartigsten Erregungszustände
des gesammten Nervensystems kund.

Blutstockungen kommen nach Virchow überall da zu
Stande, wo ein Missverhältniss zwischen der Triebkraft und den
Widerständen besteht. Nun tragen im klimakterischen Alter mehrfache Momente dazu bei, solche Blutstockungen zu veranlassen.
Das hauptsächlichste liegt aber darin, dass das Fortrücken des Blutes in den Venen durch Verengerung der Gefässlichtung erschwert
schnell nach, um sich an einem anderen Theile zu zeigen, dann
erscheint plötzliches Gefühl im Rücken oder Kreuz, ein Jucken
an den Extremitäten, Herzklopfen, Brustbeklemmung u. s. w.

Eine weitere Folge der Blutwallung sind auch oft jene bei
Frauen im klimakterischen Alter so häufigen gemischten Zustände
der geistigen und körperlichen Unruhe, welche halb auf
eine Steigerung der Thätigkeiten, halb auf eine Schwächung derselben hinauslaufen. So sehen wir am Gehirne jene Unruhe auftreten, welche sich durch schnelle Wechsel der Stimmungen
bei Unfähigkeit zu regelmässiger Arbeit, durch unruhigen, von
Träumen unterbrochenen Schlaf, Zustände von Taumel, ein Gefühl von Berauschung in höheren Graden durch Verwirrtheit, Delirien und Eingenommenheit auszeichnet. So entsteht an der Haut
neben dem Gefühl der Hitze und des Brennens ein eigenthümliches
Prickeln, Jucken, Beissen allerlei Hyperästhesien, häufig mit einer
gewissen Unvollkommenheit des Tastgefühles verbunden. So kommt
auch zuweilen Zittern der Muskeln, Schwäche der Bewegungsor-
gane etc. zu Stande.

Mit den Blutstasen und Congestionen hängt die im klimakterischen Alter häufige Vermehrung oder Alteration der verschiedenartigen Secretionen zusammen. Es geschieht dies
in derselben Weise wie überhaupt bei Hyperämien vermehrte Transsudation und Secretion zu Stande kommt und darf man dabei nicht
die alte grob materialistische Anschauung vor Augen haben, dass
das durch den Verschluss der gewöhnlichen Ausgangspforte im Kör-

per zurückgehaltene Blut so lange umherirre, bis sich irgendwo
ein Sicherheitsventil öffne, welches einem Schleimflusse, einer Absonderung oder einer Blutung aus einem anderen Organe Ausgang
gewähre und dadurch dem Körper Erleichterung verschaffe.

Zu den im klimakterischen Alter vorkommenden stärkeren Secretionen gehören vor Allem Schleimflüsse der Sexualorgane, dann vermehrte Absonderung der Darmschleimhaut, Diarrhoen, vermehrte Ausscheidung von Harnse-
dimenten und gesteigerte Hautthätigkeit.

Ganz richtig charakterisirt darum auch schon Canustatt die
klimakterische Periode, indem er als kennzeichnend für sie betont:
„Verminderung der Arteriellität, der Muskelthätigkeit, des oxydi-
renden Respirationstraktes, durch relatives Ueberwiegen der Venö-
sität, durch Herrschaft der Abdominalsphäre, Erhöhung der Function der Leber und der Thätigkeit des Gangliensystems auf Kosten
des animalischen Nervensystems".

Tilt gibt folgende Punkte als charakteristisch für die zur Zeit
der Cessation der Menses vorgehenden Veränderungen im Organismus.

1) Eine grössere Consumption von Kohlensäure durch die
Lungen.

2) Eine ungewöhnliche Menge von Harnablagerungen.

3) Vermehrte Perspiration.

4) Vermehrte Schleimflüsse.

5) Hämorrhagieen in verschiedenen Organen.

Er bezeichnet diese Momente als „compensating agencies",
welche theils ständig bleiben, theils unregelmässig vorübergehend
auftreten.

Was den ersten Punkt betrifft, so haben auch Andral und
Gavaret auf Grundlage zahlreicher Untersuchungen über die Ausscheidung von Kohlensäure durch die Lungen in verschiedenen Al-
tersepochen, die Behauptung aufgestellt, dass sich bei dem weiblichen Geschlechte die Menge der exspirirten Kohlensäure
mit dem Eintritte der Katamenien vermindert, und erst nach Cessation der Menses wieder zunimmt. (Beim Manne tritt hingegen vom 36. Lebensjahre eine allmälige Verminderung der Kohlen-
säureexspiration ein, und geht bei beiden Geschlechtern im hohen
Alter in eine bedeutende Verminderung über.)

Auch nach Geist's Beobachtungen erscheint nach der Cessation der Menses im Alter zwischen 55 und 65 Jahren bei Frauen

im Durchschnitte eine Verminderung der Athemfrequenz und Vermehrung der Kohlensäureexhalation. Er gibt folgende Tabelle für
das weibliche Geschlecht:

Alter	Zahl der Exspirationen in 1 Minute	Kohlensäure in 100 CC. exspirirt. Luft	In 1 Minute exspir. Luft mCC.	In 1 Minute exspirirt. Kohlens. mCC.	Durch 1 Exspiration ausgeathmete Kohlens. mCC.
45—55 Jahre	18	3,7	4500,00	135,00	7,9
55—65 „	17	3,8	3905,41	117,46	6,8
65—75 „	18	3,7	3496,68	108,72	6,0
75—85 „	18	3,7	3040,56	92,80	5,1

Es ist ferner eine für das klimakterische Alter beachtenswerthe
Thatsache, dass manche Individuen zur Zeit des Aufhörens des
Geschlechtslebens n a c h   d e r   v e g e t a t i v e n   S e i t e   h i n   a u f f a l -
l e n d   g e w i n n e n ,   an Körperumfang, a n   F e t t   z u n e h m e n , blü-
hender aussehen; es tritt, wie schon H u f e l a n d   sagt, eine Art
von Verjüngung ein. Diese glückliche Wendung zur Zeit der Menopause tritt besonders bei blutarmen schwächlichen Individuen ein
oder bei solchen, die sich durch heftige starke Menstrualblutungen
stets erschöpft fühlten, wenn bei ihnen die Menses a l l m ä l i g   u n d
s t e t i g   s i c h   v e r r i n g e r n d   o h n e   w e s e n t l i c h e   S t ö r u n g   des
Allgemeinbefindens aufhören.

Starke F e t t e n t w i c k e l u n g   ist eine gewöhnliche Erscheinung im klimakterischen Alter und man kann wohl sagen, dass
mehr als ein Dritttheil der Frauen nach Cessation der Menses an
Embonpoint zunehmen.

Das Darniederliegen der Geschlechtsthätigkeit bei Frauen hat
einen unläugbaren Einfluss auf stärkere Entwickelung von Fett, in
ähnlicher Weise wie die Castration des Mannes ihn fettleibig macht.
Es scheint hier die Aenderung der Ernährungsvorgänge, die Bildung von Fett durch jenes Moment veranlasst zu werden, welches
Virchow als „nutritiven Antagonismus" bezeichnet.

Die Fettentwickelung macht sich besonders im Unterleibe geltend. Er ist bei Frauen in diesem Alter oft stark hervorgetrieben,
in mehrfachen Wulsten herabhängend und ruht zum Theile auf den
Oberschenkeln. Auch die Brüste werden zuweilen durch solche

stärkere Fettansammlung gross und hängend, als mehr oder minder plattgedrückte Halbkugeln bis in die regio hypogastrica, zuweilen bis in die Nabelgegend herabreichend.

In anderen, allerdings viel selteneren Fällen (bei den Fällen unserer Beobachtung in kaum ein Zehntel derselben) tritt um die Zeit der Menopause starke Abmagerung ein. Es betrifft zumeist Frauen, welche stets gracil gebaut und dabei von nervös sehr reizbarem Temperamente waren, die in steter körperlicher Unruhe sich befinden und dabei sehr rege Thätigkeit des Geistes sich erhalten haben.

Bei 383 Frauen, welche bereits seit 5 Jahren ihre Menses verloren hatten, fand Tilt, dass 121 derselben stärker geworden waren als früher, 71 behielten denselben Körperumfang und 90 wurden magerer. Er beobachtete auch, dass der Umstand, ob die Frauen während der „dodging time" viel gelitten hatten, oder keine Beschwerden hatten, keinen massgebenden Einfluss auf das Dünneroder Dickerwerden übte.

Tilt unterscheidet bei Frauen des klimakterischen Alters drei Typen: 1) Den plethorischen, 2) den chlorotischen und 3) den nervösen. Der plethorische Typus wird durch vollen Puls, Turgor der Gewebe, ein „halb intoxicirtes Aussehen" charakterisirt, während bei dem chlorotischen Typus bleiche Hautfarbe, schwacher Puls, Arteriengeräusche und verschiedene Zeichen von Schwächen vorhanden sind. Der nervöse Typus soll sich durch überängstlichen Blick und schreckenvollen Gesichtsausdruck kundgeben. Eine solche strenge Unterscheidung dieser drei Typen halten wir nicht für berechtigt, indem fast alle Frauen dieses Alters die Zeichen grosser nervöser Erregung bieten und indem auch blutarme Frauen die Erscheinungen von Blutstockung und Blutwallung bieten.

Die Veränderungen, welche in der klimakterischen Zeit im Gesammtorganismus des Weibes vor sich gehen, erfolgten auch nicht in grossen Sprüngen, sondern recht allmälig. Die Ausbildung bleibt noch eine Zeit lang in überwiegender Thätigkeit, es findet noch eine lebhafte Hämatose statt und in Folge des gestörten Blutkreislaufes treten jene Symptome auf, die wir eben erwähnten und noch später im Detail betrachten werden. Später bekundet sich aber die rückschreitende Metamorphose durch allmäliges Erhärten der Faser. Die Gewebe werden fester, die Muskeln derb, die Haut spröde und dunkler gefärbt. Die Wellen-

linien der äusseren Umrisse des weiblichen Körpers gehen verloren.
Die Stimme verliert ihren sanften Klang, sie wird rauher. Die
Gesichtszüge markiren sich schärfer und zuweilen sprossen selbst
Haare an der Oberlippe und am Kinn hervor und rauben auch den
äusseren Schein weiblicher Zartheit.

Nicht gering ist auch der Einfluss auf das psychische Gebiet. Die Frauen verlieren gar häufig mit der „kritischen Zeit"
den edlen Charakterzug der Weiblichkeit: die Gemüthstiefe und
Sanftmuth. Sie zeigen weniger Milde und Theilnahme, werden
egoistisch, herrisch. eigensinnig und zänkisch. Sie bekunden in
ihrem ganzen Wesen Unruhe und Hast und sind mit sich und der
ganzen Welt unzufrieden.

Besonders charakteristisch scheint uns, dass die Frauen in dieser Lebensperiode, da ihnen die wichtigsten irdischen Freuden ent-
zogen und versagt werden, da ihre Erscheinung hier an Anbetern
und Bewunderern verliert, da sie von der Eitelkeit alles Seins, von
der Vergänglichkeit aller körperlichen Reize so sehr überzeugt
werden, sich dem Himmel zuwenden und es entsteht jener Zug zur
religiösen Schwärmerei, welcher oft krankhaft ausartet.

In dem Masse, als die Schönheit schwindet, hört auch das
Vertrauen auf, von dem Gatten geliebt zu werden und es taucht
mehr denn früher die Neigung zur Eifersucht auf. Es überträgt
sich mehr als sonst das Liebebedürfniss auf andere Objecte, auf
Thiere u. s. w.

Bei edleren Naturen tritt das Bestreben ein, sich Ersatz in
Uebung von Humanität und Wohlthätigkeit zu verschaffen. Gerade
Frauen dieses Alters widmen sich mit Aufopferung und Hingebung
den Wohlthätigkeitsanstalten und Hülfsvereinen, befriedigen ihr
Herz und ihre Sinne durch Linderung der Noth und des Elends.

Ueber die psychischen Veränderungen im klimakterischen Alter sagt Busch:

„In der geistigen Sphäre nähert sich das Weib ebenfalls dem
Manne. Es verliert seine Gemüthlichkeit, seine Hingebung und
Offenheit, wird hart, egoistisch und verschlossen. Wenn das Weib
in's Greisenalter tritt und die Würde seines Charakters nicht be-
wahrt, so kann es tief sinken; es wird alsdann zänkisch, böswillig,
rachegierig, grausam und statt die Jugend zu belehren und sich
an ihrem Frohsinn zu vergnügen, missgönnt es derselben ihr glück-

liches Alter, so dass der Mann niemals so sehr sinken kann, als das Weib." Es dürfte hier sich am besten auch das Urtheil älterer Autoren über das Wesen und die Symptome der Veränderungen des klimakterischen Alters anreihen.

Nach Walther (Hufel. Journ. f. prakt. Heilk.) charakterisirt sich dasselbe durch ein vorwaltendes Leiden des Blutsystems; es herrscht nämlich nach dem Verschwinden der Menstruation in dem Weibe ein namhafter Ueberfluss an Blut und es leidet dasselbe an einem „Orgasmus der effervescirenden Säftemasse", welche bald hier, bald dort Krankheitserscheinungen hervorbringt. Es werden namentlich diejenigen Organe, welche während der Blüthejahre mit den Geschlechtsorganen in besonderem Consensus stehen, wie Kopf, Brust, Darmkanal und Haut am meisten von diesem Orgasmus ergriffen und bilden den Grund der Krankheitserscheinungen, welche wir zur Zeit des Aufhörens der Menstruation im weiblichen Organismus wahrnehmen z. B. Kopfschmerz, Schwindel, Schnupfen, Augenentzündung, trockenes Hüsteln, Leibesverstopfung, Durchfall, flechtenartige und herpetische Ausschläge, Brustgeschwüre u. dgl.

Busch nimmt als Hauptgrund der Beschwerden des in der Decrepidität stehenden Weibes die veränderte Beschaffenheit des Blutes an. „Die Veränderungen, welche in allen Functionen des weiblichen Organismus in dieser Zeit vor sich gehen, in welchem nun die rege Wechselwirkung mit der Aussenwelt erlischt, wodurch derselbe wieder mehr auf die eigene Erhaltung und Ernährung beschränkt wird, dabei aber dennoch die Beweglichkeit und rege Thätigkeit des kindlichen Körpers einbüsst, tragen insgesammt zur Erzeugung eines oft nur scheinbaren plethorischen Zustandes bei. Die Organe der Reproduction sind es denn auch, welche im höheren Alter am häufigsten den Grund der Krankheiten darstellen. Störungen der Digestionsorgane, des Magens und Darmkanals, der Leber und Milz, sowie der übrigen Unterleibsorgane sind fast stete Begleiter der Krankheiten des alternden Weibes, ja die meisten derselben lassen sich auf diese zurückführen, da selbst die krankhafte Plethora und die fehlerhafte Mischung der Säfte in Anomalien der Reproduction begründet sind. . . . ."

„Während in den klimakterischen Jahren das Nervensystem in seiner Bedeutsamkeit zurücktritt und an den krankhaften Vorgängen einen unwichtigeren Antheil nimmt, tritt das Lymphsystem, gleichwie in der Jugend, mehr hervor und ist der Sitz mannigfacher Krankheiten, die jedoch jetzt einen bösartigen Charakter annehmen; indem die Lymphe eine fehlerhafte Mischung annimmt und die sich bildenden Stockungen in diesem Systeme dann leicht in bösartige Verhärtungen übergehen. Das Nervensystem wird in der Regel nur durch seine gesunkene Energie eine Krankheitsursache, und die Krankheiten desselben tragen gewöhnlich den Charakter der Schwäche, die am häufigsten mit grossem Torpor, selten mit einem reizbaren Zustande verbunden ist, an sich."

II. Abtheilung.

Specielle Pathologie des klimakterischen Alters.

VI. Capitel.

Krankheiten der Sexualorgane.

〜〜〜〜〜

Es ist wohl a priori leicht denkbar, dass die grossartigen Veränderungen, welche das Geschlechtsleben des Weibes im klimakterischen Alter erfährt, in mancherlei krankhaften Zuständen der
Sexualorgane zum Ausdrucke kommen, von der ersten Zeit der
verminderten Ovarial- und Uterinthätigkeit bis zum Zustande der
gänzlichen Involution und Atrophie in diesen Organen.

Die krankhaften Zustände geben sich jedoch weniger durch
acute entzündliche Erscheinungen kund, als durch Congestion,
Hämorrhagie, Schleimflüsse und neuralgische Affectionen, so wie durch Neigung zu Neubildungen.

Unter meinen 500 Beobachtungsfällen waren 440, in denen
über pathologische Symptome in den Sexualorganen geklagt wurde
und zwar war, um nur die häufigsten Krankheiten hervorzuheben,
vorhanden:

Menorrhagie und Metrorrhagie in . .	286	Fällen
Metritis chron.	79	„
Leukorrhoe	327	„
Prolapsus uteri	65	„
Ante- und Retroflexionen des Uterus .	˙52	„
Pruritus vagin.	46	„
Vaginismus	12	„
Carcinoma uteri	3	„
Uteruspolyp	5	„
Tumor mammae	8	„

Es braucht wohl nicht erst betont zu werden, dass sich mehrere dieser pathologischen Zustände bei einem und demselben Individuum combinirten.

Was aus diesen Daten vor Allem hervorgeht, ist das ausserordentlich häufige Vorkommen von Gebärmutterblutungen und Leukorrhoe im klimakterischen Alter. Die ersteren waren in mehr als der Hälfte meiner Fälle vorhanden, Leukorrhoe sogar in drei Viertel aller Fälle. Auffällig ist das häufige Vorkommen von Prolapsus uteri und von Pruritus vaginalis.

Wir lassen hier auch die Tabelle Tilt's über die Erkrankungen des Urogenitalapparates im klimakterischen Alter folgen, welche manche auffallende Verschiedenheiten von meinem statistischen Materiale bietet, darin aber mit dem meinigen übereinstimmt, dass Blutungen und Leukorrhoe durch ihre Frequenz unter den anderen Symptomen hervorragen.

Tilt beobachtete bei 446 Fällen

Blutflüsse	138 Mal
Leucorrhoe in unregelmässigen Intervallen .	146 „
Leucorrhoe monatlich	12 „
Remittirende Menstruation	33 „
Vaginitis	4 „
Follicular-Entzündung der Vulva	10 „
Entzündung der Labien	4 „
Ulceration des Collum Uteri	9 „
Prolapsus uteri	5 „
Polypen des Uterus	4 „
Fibröse Tumoren des Uterus	4 „
Cancer Uteri . . , ...	4 „
Chronische Ovarialtumoren	3 „
Irritation und Schwellung der Brüste . . .	14 „
Milchige oder glatinöse Secretion der Brüste	2 „
Harter, nicht maligner Tumor der Brüste .	2 „
Cancer der Brust	1 „
Häufige Sedimente im Urin	49 „
Schwierigkeiten und Schmerz beim Uriniren .	9 „
Incontinentia urinae	4 „
Haematuria	1 „
Erectiler tumor des meatus urinarius . . .	2 „
Perineal-Abscess	2 „

Menorrhagie.

Das erste krankhafte Symptom, welches sich auf dem Gebiete der Sexualorgane im klimakterischen Alter kund gibt, bilden die Unregelmässigkeiten, welche die menstruale Function betreffen.

Die Frauen, welche zumeist es noch nicht ahnen oder auch nicht wissen wollen, dass die klimakterische Periode eintritt, klagen dem Arzte, dass die Menstrualblutung verspätet oder gar nicht erscheint und verlangen Mittel, welche die Menses wieder hervorzurufen im Stande wären. Die Verzögerungen im Erscheinen der Menses können sehr kurz sein, nur einige Tage betragen, oder sich auf 2 bis 3 Wochen erstrecken, oder sie sind von noch längerer Dauer, indem sie den Zeitraum von Monaten in Anspruch nehmen. Die Periodicität der Menstrualblutung ist gleichfalls dabei zumeist gestört. Sie zeigt sich alle vierzehn Tage, drei Wochen, hört abwechselnd auf und erscheint zuweilen regelmässig wieder, um nach kurzer Zeit wieder irregulär zu werden. Die Quantität des Menstrualblutes wird zuweilen geringer. Man beobachtet in manchen Fällen, dass die Menge desselben bei jedesmaligem Auftreten abnimmt oder die Zeit der Menstrualperiode wird stets kürzer. Sie dauert z. B. nur 4 Tage, während sie früher 8 Tage anhielt.

Viel häufiger fanden wir, dass die Menses abnorm reichlich auftraten, dass es zeitweilig zu profusen Blutungen kam. Diese Gebärmutterblutungen sind überhaupt zu den wichtigsten Symptomen des klimakterischen Alters zu zählen. Sie kommen besonders bei plethorischen, vollsaftigen Frauen vor, sowie bei solchen, die schon früher stets an profusen Katamenien gelitten, aber auch bei zarten, schwächlichen Individuen, deren Sexualorgane grosse Schlaffheit und Auflockerung der Gewebe zeigen. Eine üppige Lebensweise, besonders der starke Genuss geistiger Getränke, scheint das Zustandekommen der Menorrhagien im klimakterischen Alter entschieden zu begünstigen.

Zuweilen ist diese Menorrhagie das erste Symptom der Menopause, in sehr seltenen Fällen auch das einzige Zeichen derselben, womit zugleich die Menstrualthätigkeit abgeschlossen erscheint. Meistens traten aber die Blutungen wiederholt, regelmässig allmonatlich oder noch öfter unregelmässig in Pausen von 14 Tagen, 3 Wochen, 6 Wochen, einigen Monaten auf. Die Bemerkung Brierre de Boismonts, welche er für eine wichtige hält, dass die Frauen von diesem Blutverluste sehr wenig geschwächt werden, können wir durchaus nicht als richtig bezeichnen. Im Gegentheile, die Frauen kommen durch solche Blutungen sehr herunter, werden elend und geschwächt. Der Umstand, dass solche Blutungen zuweilen durch einige Jahre anhalten, ändert an dieser Thatsache nichts. Bei der Untersuchung findet man (wenn eben nicht noch Complicationen vorhanden sind) die Vaginalportion gewöhnlich weich, schlaff, aufgelockert, leicht blutend, zuweilen mit Erosionen, in den meisten Fällen dabei Leucorrhoe. In der Auflockerung und Erschlaffung des Uterusgewebes liegt eben der Grund der Menorrhagien des klimakterischen Alters und die weiteren Ursachen dafür sind Kreislaufsstörungen in den Beckenorganen.

Wir glauben nämlich, dass diese Menorrhagien in den klimakterischen Jahren besonders darin ihren Grund haben, dass solche Frauen an anhaltenden Stauungen im Gebiete der vena cava ascendens leiden, wodurch weiters der Ausfluss des Blutes aus den Beckengefässen erschwert und eine chronische Stase in den Gebärmutterwänden veranlasst wird. Diese Stase hat Ueberfüllung der Gefässe der Uterinalschleimhaut zur Folge, deren Rhexis eben die Menorrhagie veranlasst. Auf diese Weise erklären wir es auch, dass wir solche Menorrhagien in den klimakterischen Jahren besonders bei solchen Frauen sahen, die zahlreiche Kinder hatten (die Veranlassung zu jenen Stasen), oder öfteren Abortus erlitten hatten. Anderseits werden diese Blutungen auch gewiss durch die Rigidität der Gebärmuttergefäss begünstigt.

v. Scanzoni legt auf das letzt angegebene Moment besonders Gewicht und sagt (Lehrbuch der Krankheiten der weiblichen Sexualorgane, Wien 1867): „Es ist nichts Seltenes, dass die menstruale Ausscheidung im höheren Alter reichlicher erfolgt, als es in den jüngeren Jahren der Fall war. Gewiss liegt hier in vielen Fällen die senile Rigidität und Brüchigkeit der Gebärmuttergefässe zu Grunde, welche nicht im Stande sind, dem auf ihre Wände einwirkenden Blutdrucke den nöthigen Widerstand zu bieten und so eine ausgedehntere Rhexis und einen reichlicheren Blutaustritt begünstigen".

Wir heben hier aus unserer Praxis drei Fälle hervor:

Frau v.K., 42 Jahre alt, hat vor 8 Jahren zum letzten male das 7. Kind) geboren. Seit 2 Jahren stellen sich, während sonst die Menstruation regelmässig war, häufiger bald in kürzeren, bald in längeren Zwischenräumen heftige Blutungen ein, welche Pat. sehr belästigen und Schmerzen im Kreuze und in den Lenden zur Folge haben. Seit den letzten 7 Monaten sind die Blutungen so heftig, dass Patient. behauptet, kaum 3 bis 4 Tage im Monat Ruhe zu haben und genöthigt is t, jeden grösseren Spaziergang aufzugeben. Patientin war früher fettreich, jetzt ist sie sehr herabgekommen, äussert anämisch, der Appetit ist ziemlich gut, Defäcation schon seit mehreren Jahren unregelmässig, in der letzten Zeit sehr beschwerlich. Gegen die Blutungen wurden die verschiedensten Mittel, innerlich vergeblich angewendet. Bei der Untersuchung des Unterleibes können wir durch die erschlafften Bauchdecken oberhalb der Symphyse keinen Körper durchfühlen, ebenso weist die Exploration mit der Sonde, die leicht einzuführen, keine Vergrösserung des Uterus nach. Die Vaginalportion weich und elastisch anzufühlen, keine Erosionen oder Geschwüre vorhanden. Nach der Untersuchung ist der explorirende Finger blutig gefärbt. Am nächsten Tage heftige Blutung, welche auf Injectionen mit kaltem Wasser nicht stand, weshalb wir die Tamponade der Vagina mit Watta vornahmen.

Frau N., 46 Jahre, eine kräftig gebaute fettreiche, blühend aussehende Dame, hatte 5 Kinder, deren jüngstes nun 13 Jahre alt. Bis etwa vor einem Jahre waren die Menses regelmässig, vier bis fünf Tage dauernd. Seit dieser Zeit tritt die Menstrualblutung noch ziemlich regelmässig auf, dauert jedoch 14 bis 18 Tage, ein Umstand, der Patientin sehr belästigt und in ihrer Gemüthsstimmung deprimirt. Bei der Untersuchung keine Vergrösserung des Uterus, keine Deviation desselben, kein Tumor nachzuweisen. Die Vaginalportion aufgelockert, schlaff, leichte Senkung des Uterus vorhanden. Das Allgemeinbefinden ziemlich gut, nur starke Obstipation seit längerer Zeit, Flatulenz, Dyspepsie.

Frau F., etwa 47 Jahre alt, eine sehr kräftig gebaute, blühend aussehende Dame, kinderlos, hat bereits seit 4 Jahren ihre Menses unregelmässig, in Zwischenräumen von 5 bis 6 Wochen, jedoch mit vielen Beschwerden, starken Kreuzschmerzen, sehr heftiger Migräne und in der letzten Zeit sind die Menstrualblutungen besonders stark, 6 bis 8 Tage anhaltend. Die Darmfunction ist eine träge, Fettansammlung im Unterleibe sehr bedeutend. Theils um dieses Fettüberflusses sich zu entlasten, theils um die heftige Menorrhagie zu mindern, kam Patientin nach Marienbad. Die Untersuchung der Sexualorgane ergibt ausser Auflockerung der Schleimhaut und einer leichten Anteflexion des Uterus nichts Abnormes.

Eine genaue Untersuchung der Sexualorgane ist stets nothwendig, wenn Frauen in den klimakterischen Jahren über heftige, lange dauernde Gebärmutterblutungen klagen, denn gerade in diesen Jahren sind Uteruscarcinome oft Ursache ähnlicher Blutungen.

Bei den klimakterischen Hämorrhagien ist es von grosser Wichtigkeit, die differentielle Diagnose zwischen diesen und den durch Carcinoma uteri verursachten Blutungen zu fixiren. Das Alter der Patientin gibt hier kein Unterscheidungszeichen an die Hand, denn Gebärmutterkrebs kömmt ja gerade in dem klimakterischen Alter am häufigsten vor. Eher liegt schon in der Beschaffenheit des Blutes ein Anhaltspunkt für die Diagnose. Die Farbe des Blutes ist bei den klimakterischen Hämorrhagien dunkelroth, leicht gerinnbar, während beim Uteruscarcinom (vorausgesetzt, dass dieses nicht ganz im Erstlingsstadium ist) das Blut missfärbig und übelriechend ist und gewöhnlich Schmerzen vorhanden sind. Die Störungen im Allgemeinbefinden werden die Diagnose unterstützen. Den Hauptausschlag wird aber die Digitaluntersuchung und die Untersuchung mit dem Speculum geben.

Sind Hämorrhagien aufgetreten und mehrere Monate hindurch wiedergekehrt, dann können wir, sagt Hewitt, wenn wir es mit einem Individuum zu thun haben, welches in der Involutionszeit steht, Schmerz und übelriechender Ausfluss aber fehlen, gegen das Vorhandensein eines Krebses stimmen. Auch das Fehlen von Störungen im Allgemeinbefinden würde dagegen sprechen, dass die Hämorrhagie die Folge eines Krebses ist. Umgekehrt müssen wir auf unserer Hut sein, Hämorrhagien, welche etwa ein Jahr nach der Cessatio mensium eintreten mit klimakterischen Blutungen zu verwechseln. Zwar kann die Diagnose von Hämorrhagien in Folge eines Krebses, welche wir nach dem Aufhören der Menstruation beobachten, Schwierigkeit darbieten, doch wird sie nach vorangegangener gründlicher Digitaluntersuchung gestellt werden können. Es können ferner Uteruspolypen Blutungen verursachen, die mit den klimakterischen Hämorrhagien verwechselt werden, um so mehr, da auch die durch Polypen des Uterus verursachten Blutungen oft mehr oder minder zur Zeit das Monatsflusses aufzutreten scheinen. Hier gibt über die Diagnose die Hämorrhagie selbst keinen Aufschluss, sondern nur die objective Untersuchung.

Peter Frank behauptet, dass die klimakterischen Hämorrhagien vorzugsweise bei solchen Frauen eintreten, deren Menses sehr reichlich waren oder deren Uterus in Folge häufiger und schwieriger Entbindungen und von häufigem Abortus sich in einem Zustande der Schwäche befindet; ferner Frauen, die an reichlichen Hämorrhoidalflüssen leiden, und besonders solche, welche viel geistige Getränke zu sich nehmen.

Brierre de Boismont hat diese Hämorrhagien besonders bei plethorischen sehr nervösen Frauen beobachtet, so wie bei Frauen, die sich den männlichen Umarmungen häufig hingegeben haben, oder dieses noch im jetzigen Alter thaten.

Cullen betont, dass die Gebärmutterblutungen besonders bei sanguinischen Frauen der Cessatio mensium vorangehen.

v. Scanzoni fand, dass solche Frauen des klimakterischen Alters gewöhnlich profus menstruirt sind, welche an chronischen Gebärmutteranschwellungen leiden, welche nachweisbar aus anhaltenden Kreislaufsstörungen in den Unterleibsorganen hervorgegangen sind und sich durch eine ungewöhnliche Schlaffheit, Weichheit und Auflockerung des Uterusparenchyms auszeichnen.

Chronische Metritis.

Die chronische Metritis kommt im klimakterischen Alter ziemlich häufig zur Beobachtung; doch glauben wir, dass dann ihre Entstehung meist aus einer früheren Lebensperiode datirt und sehr selten die Cessation der Menses selbst das ätiologische Moment bildet. Dieses letztere ist wohl nur dann der Fall, wenn die Menstruation plötzlich aufhörte, sei dies durch äussere schädliche Einflüsse oder durch constitutionelle Krankheiten. Dann aber ist es leicht erklärlich, dass eine Metritis zu Stande kommt. Denn der Menstrualprozess hat schon unter gewöhnlichen Verhältnissen eine Neigung, Congestion und Vergrösserung des Uterus zu setzen; erleidet die Menstruation aber eine plötzliche Unterdrückung, so kommt es zu wirklicher Congestion, das Blut stagnirt in den weit geöffneten Gefässen und führt zu wichtigen Texturveränderungen.

Bei der normalen allmäligen Cessation der Menses liegt aber eben in dem allmäligen Abnehmen der mit jeder Menstruation verbundenen Congestion gegen die Menstrualgefässe ein Moment, welches die Symptome der schon von früher bestehenden chronischen Metritis gerade in der klimakterischen Zeit mindert und das Leiden erträglicher gestaltet.

Dagegen ist aber in den allgemeinen, das klimakterische Alter, wie wir bereits früher erwähnt haben, charakterisirenden Blutstockungen eine Veranlassung zur Entstehung oder mindestens zur Fortdauer oder Verschlimmerung schon bestehender chronischer Metritis.

In diesen wechselvollen Verhältnissen liegt der Grund, warum einige Autoren das klimakterische Alter als die chronische Metritis begünstigend erklären, während andere das Gegentheil behaupten. Keinesfalles erscheint aber die Annahme gerechtfertigt, dass die Metritis in diesen Jahren einen ganz spezifischen Verlauf nehme und ganz eigenthümliche Symptome biete.

Krieger gehört zu den Autoren, welche es für eine sehr gewöhnliche Erscheinung halten, dass während des ersten Theiles der Wechseljahre, d. h. ehe der Menstrualfluss aufgehört hat, eine leichte Metritis besteht, die durch Verdickung des Uterus, geringe Gewichtszunahme desselben, Auflockerung der Schleimhaut sowohl der Vaginalportion wie des Cavum uteri, kenntlich ist und nicht selten auch das Scheidengewölbe in Mitleidenschaft zieht. In solchen Fällen, die wie Krieger glaubt, als Involutionskrankheiten der Sexualorgane anzusehen sind, pflegt eine mehr oder weniger reichliche Leukorrhoe obzuwalten und auch, nachdem die anderen Entzündungserscheinungen gewichen sind, noch fortzudauern. Bei Personen, die in früheren Jahren an chronischer Metritis gelitten haben, aber schon längst keine Beschwerden mehr davon fühlten, kommt es vor, dass sich in der Wechselzeit periodisch Congestionen nach dem Uterus einstellen, die von Leukorrhoe begleitet sind.

Bonnet gibt sogar die eigenthümlichen Symptome an, welche der Entzündung und Verschwärung des Gebärmutterhalses während der klimakterischen Jahre im Gegensatze zu der chronischen Metritis anderer Jahre zukommen. Er behauptet, dass die entzündlichen Erscheinungen weniger ausgesprochen, die Schmerzen geringer sind, der tiefe Stand des Cervix weniger häufig vorkomme und die fungösen Excrescenzen spärlicher gefunden werden. Dabei sollen der Cervix kleiner, zuweilen etwas gelappt, härter, die Granulationen zahlreich, die Geschwürsbildung selten, die Erweiterung des Muttermundes und der Cervixhöhle geringer sein. Diese Form der „ulcerativen Inflammation" soll auch öfter unheilbar und im Allgemei-

nen schwieriger zu behandeln sein als in einem früheren Lebensalter des Weibes.

Im Widerspruche mit diesem Ausspruche Bennets, dass diese
Form der „ulcerativen Inflammation" viel öfter unheilbar und viel
schwieriger zu behandeln sei als bei jüngeren Frauen ist eine andere von ihm aufgestellte Erörterung, dass die mit der senilen Involution der weiblichen Genitalien verbundene Atrophie des Uterus
unzweifelhaft einen günstigen Einfluss auf die chronische Entzündung des Uterus übe, indem diese dadurch, dass der Uterus nicht
mehr Sitz der periodischen Congestionen ist, in vielen Fällen allmälig zurückgeht.

v. Scanzoni widerstreitet in seinem classischen Werke „über
chronische Metritis" auf Grund seiner gewiss reichen Erfahrung der
Behauptung von der Häufigkeit der chronischen Metritis in der klimakterischen Periode. Ihm ist kein Fall bekannt, wo die Erscheinungen dieser Krankheit während oder unmittelbar nach der Menopause zum ersten Male aufgetreten wären, was jedenfalls bei der
grossen Zahl der ihm vorgekommenen, diesem Lebensalter ange-
hörenden Kranken für die Seltenheit des Beginnes der chronischen
Metritis in den klimakterischen Jahren spricht.

Allerdings ereignet es sich nicht selten, dass man bei Frauen
im Alter zwischen dem 45. und 50. Lebensjahre die der chronischen Metritis und ihren Ausgängen zukommenden objectiven und
subjectiven Erscheinungen zu constatiren vermag; analysirt man
aber derartige Fälle etwas genauer, so wird man sich gewiss die
Ueberzeugung verschaffen, dass die Kranken bereits eine geraume
Zeit vor dem Eintritte der Menopause Symptome dargeboten haben,
die bei sorgfältigerer Prüfung nicht anders, als dem Anfangssta-
dium der chronischen Metritis angehörend gedeutet werden können.

Der Ansicht Bennet's widersprechend, gibt Scanzoni an, trotz
aller darauf verwendeter Aufmerksamkeit durchaus keinen bemer-
kenswerthen Unterschied in den verschiedenen Symptomen der chronischen Metritis bei jüngeren und bei im klimakterischen Alter stehenden Frauen wahrgenommen zu haben.

Er hat ferner erfahren, dass Fälle, welche Monate, ja selbst
Jahre lang den ärztlichen Mitteln trotzten, einige Zeit nach dem
Aufhören der menstrualen Blutungen eine so wesentliche Besserung
erfuhren, dass allmälig all die verschiedenen localen und allgemeinen Beschwerden schwanden und die Frauen, welche sich Jahre

lang keines gesunden Augenblickes zu erfreuen hatten, mit einem
Male in ihrem höheren Alter von Neuem wieder auflebten und erst
jetzt wieder für die früher so lange entbehrten Freuden des Lebens
zugängig wurden.

Der Grund für diese dem minder erfahrenen Arzte vielleicht
sonderbar erscheinende Beobachtung ist in dem Aufhören der menstrualen Congestionen zu suchen, welche nach Scanzoni nicht nur
als ein sehr hoch anzuschlagendes Causalmoment der unter dem Namen der chronischen Metritis zusammengefassten Affectionen betrachtet werden müssen, sondern zugleich ein nicht zu beseitigendes
Hinderniss für die Heilung dieses Leidens bedingen.

Da die menstrualen Congestionen, wenn auch im geringeren
Grade, nach dem Aufhören der catamenialen Blutung durch einige
Zeit fortdauern, so darf es anderseits nicht befremden, dass die
durch eine etwa bestehende Metritis hervorgerufenen Beschwerden
nicht unmittelbar auf den Eintritt der Menopause sich mässigen,
sondern man wird es sogar begreiflich finden, wenn sich, wie dies
so häufig geschieht, die meisten localen und allgemeinen Symptome
merklich steigern.

Die Congestion tritt eben nach wie vor ein, erreicht aber nicht
den zur Hervorrufung einer ausgedehnten Gefässrhexis erforder-
lichen Grad und so geschieht es, dass die im jüngeren Alter des
Weibes bei Zeiten eintretende, die Hyperämie der Uteruswandungen
rasch vermindernde Blutung ausbleibt, und in Folge der sich länger erhaltenden oder wohl selbst stetig zunehmenden Blutüberfüllung der Beckenorgane eine objectiv und subjectiv wahrnehmbare
Steigerung des Uebels herbeiführt.

In diesen Verhältnissen dürfte, wie Scanzoni sagt, die Beobachtung ihre Erklärung finden, dass Frauen, welche sich vor dem
Eintritte der klimakterischen Periode relativ wohlfühlten, höchstens
über geringe, von ihnen sowohl, als auch von dem Arzte über-
sehene Beschwerden zu klagen hatten, mit einem Male in der frag-
lichen kritischen Zeit den verschiedenartigsten, ihnen früher ganz
unbekannten Leiden ausgesetzt sind und auf diese Weise auch zu
dem Glauben veranlasst werden, die Krankheit sei die Folge der
dem klimakterischen Alter zukommenden Veränderungen, während
eine sorgfältigere Anamnese den längeren Bestand des Uebels ausser
Zweifel setzt.

Es verdienen aber die nach dem Aufhören der menstrualen

Blutung fortbestehenden periodischen Congestionen zu den Beckenorganen und das Fehlen der durch die genannten Blutungen früher
herbeigeführten Regelung der Circulation auch noch in so ferne
unsere Beachtung, als sie es sind, welche einer erspriesslichen Wirkung der gegen die chronische Metritis in dieser Lebensperiode in
Anwendung gezogenen Arzneimittel ganz besondere Schwierigkeiten
entgegenzusetzen vermögen.

Plötzliche Cessation der Menses im klimakterischen Alter
trägt oft zum Entstehen der chronischen Metritris bei. Scanzoni
sagt über diesen Punkt: Im Allgemeinen ertragen Frauen im mittleren Alter, bei welchen sich der ganze Organismus und die dabei
vorzüglich betroffenen Organe an die Ausgleichung der menstruellen
Hyperämien bereits gewöhnt haben, die durch plötzliche Cessation
der Menses entstandene Functionsstörung viel leichter als Mädchen,
welche der Pubertätsperiode noch sehr nahe stehen oder Frauen,
welche sich in den sogenannten klimakterischen Jahren oder selbst
auch nur in deren Nähe befinden. Diese zwei Perioden des weiblichen Geschlechtslebens disponiren erfahrungsgemäss schon an und
für sich zu Circulationsstörungen in den Beckenorganen, und so
kann es nicht befremden, dass bei ihnen eine so wichtige Functionsstörung, wie die plötzliche Suppression des Menstrualflusses
auch nachhaltigere Folgen nach sich ziehen wird, als es bei jenen
Frauen der Fall ist, welche im Vollgenusse einer untadelhaften Gesundheit auf der Höhe des Geschlechtslebens stehen und somit den
durch äussere Einflüsse hervorgerufenen Gesundheitsstörungen im
Bereiche der Sexualsphäre eine, möge der Ausdruck erlaubt sein,
viel energischere Vis medicatrix naturae entgegenstellen.

Frühzeitige Cessation der Menses müssen wir nach unseren Erfahrungen auch als ein das Entstehen von chronischer Metritis begünstigendes Moment bezeichnen. Es herrschen hier ähnliche ätiologische Verhältnisse vor, wie sie eben bei plötzlicher Menopause erörtert wurden.

Es seien hier 3 unserer einschlägigen Beobachtungsfälle kurz
skizzirt:

Frau von G., Polin, 38 Jahre alt, seit 18 Jahren verheirathet,
hat ein Jahr nach ihrer Verheirathung eine Frühgeburt im 8. Monate bestanden. Das lebend geborene Kind starb nach einigen
Stunden. Ein Jahr später trat wiederum eine Frühgeburt einer
todten 7 Monate alten Frucht ein und seit der Zeit ist trotz ver-

schiedenartigster Badekuren keine Conception weiter eingetreten.
Seit drei Jahren haben sich in den sonst regelmässigen Men-
strualfunctionen dauernde Störungen eingestellt, namentlich Ausbleiben der Menses bis zu drei Monaten und noch länger hinaus,
worauf dann unter sehr heftigen und schmerzhaften Mol-
liminibus die Blutabsonderung erfolgt. Dabei treten häufig neuralgische Anfälle in der Unterleibs- und Kreuzbeingegend auf, Glo-
bus hystericus, Flatulenz, Stuhlverstopfung u. s. w. Bei der objectiven Untersuchung erscheint der Uterus in allen Dimensionen
vergrössert, das Gewebe des cervix etwas indurirt, das ganze
Organ etwas nach vorne dislocirt, Secretion vermehrt.

Frau D., 36 Jahre alt, Deutsche, hat nie geboren. Die Menstruation war stets unregelmässig, vor 2 Jahren waren starke Menorrhagien und Metrorrhagien. Seit mehreren Monaten sind die
Menses ganz weggeblieben. Patientin klagt seitdem über Schmerzen im Unterleibe, Gefühl von Völle in der regio epigastrica und
Appetitlosigkeit. Dabei nimmt die Frau an Fett auffallend zu.
Die Untersuchung weist leichte Anämie nach, hyperämische
Leberschwellung, Vergrösserung des leicht antevertir-
ten Uterus, Endometritis cervicalis und daher stam-
menden Fluor albus.

Frau B. aus Preussen, 42 Jahre alt, hatte mehrere Kinder,
das letzte vor 5 Jahren geboren. Im Wochenbette überstand sie
eine "Unterleibsentzündung." Die sonst ziemlich regelmässige Menstruation ist im letzten Jahre unregelmässig, zuweilen sehr profus,
jetzt seit Monaten nicht mehr vorhanden. Pat. klagt über vielfache
nervöse Beschwerden, besonders Cephalalgie. Bei der Untersuchung zeigt sich die Uterushöhle 4″ hoch, die Gebärmutter retroflectirt, Portio vaginalis intumescirt, sehr gross, gelockert,
erodirt, stark secernirend.

Nicht selten gesellt sich die chronische Metritis im klimakterischen Alter zu den hier auftretenden Texturerkrankungen der Gebärmutter, namentlich zu den in ihrer Substanz sich entwickelnden
Neubildungen, Carcinom und Fibroiden.

Die chronische Metritis bietet, wie wir bereits oben hervorgehoben haben, im klimakterischen Alter keine von den gewöhnlichen,
dieser Erkrankung zukommenden Erscheinungen verschiedenen Symptome. Die Vergrösserung des Uterus nur ist keine so bedeutende.
Sonst sind Verdickung und übermässige Vascularität der Schleim-

haut nachweisbar, die Secretion vermehrt, Dislocationen des Uterus
vorhanden, die Vaginalportion vergrössert, hypertrophirt, meist mit
Excoriationen, Erosionen oder Ulcerationen. Die subjectiven Beschwerden scheinen keinen so hohen Grad zu erreichen, wie bei
chronischer Metritis zur Zeit reger geschlechtlicher Thätigkeit.
Der Ausgang ist jedenfalls (die durch Neubildungen verursachten Fälle von chronischer Metritis ausgenommen) im Allgemeinen günstiger als in den früheren Geschlechtsperioden, denn sobald einmal die Reihe der Involutionsveränderungen abgeschlossen,
der Rückbildungsprozess der Genitalien vollendet, der senile Schwund
des Uterus und seiner Adnexa eingetreten ist, so findet eine Heilung des sonst mühsam langwierigen Leidens in verhältnissmässig
rascher Weise statt.

Eine grosse Schwierigkeit bietet gerade im klimakterischen
Alter die Differentialdiagnose zwischen den durch chronische Entzündung und Hypertrophie bedingten Veränderungen des Cervix
uteri und den krebsigen Infiltrationen, welche hier so häufig vorkommen. Wir werden dies noch später beim Uteruscarcinom näher
erörtern.

Hydrometra und Hämatometra.

Hydrometra kommt nicht gar so selten im klimakterischen
Alter vor. Die Entwickelung der Geschwulst ist gewöhnlich eine
langsame und verursacht wenig krankhafte Symptome. In manchen
Fällen finden aber starke Contractionen des Uterus mit wehenar-
tigen Schmerzen statt. Das Zustandekommen der Hydrometra ist
nur dann denkbar, wenn die Ausscheidung des Menstrualblutes in
der Uterushöhle bereits vollständig versiegt war und hat darin seinen Grund, dass die mit denn senilen Schwunde des Cervix ein-
hergehenden katarrhalischen Erosionen und Geschwüre eine Atresie
des Cervicalkanales herbeiführen.

Objectiv bietet die Hydrometra eine elastische, abgerundete,
fluctuirende Geschwulst dar, in welcher, durch die combinirte Unter-
suchungsmethode bei hinlänglicher Grösse Fluctuation deutlich wahrgenommen werden kann.

Nach den Sectionsergebnissen an der Prager pathologisch-
anatomischen Lehranstalt in dem Zeitraume von 1868 bis 1871 kam
Hydrometer 74 Mal zur Beobachtung, aber nicht unter dem Alter von 40 Jahren, sondern bei Frauen

im Alter von 40—45 Jahren   3 Mal

   „   „   „   45—50   „   2   „

   „   „   „   50—55   „   2   „

   „   „   „   55—60   „   8   „

   „   „   „   60—65   „   18   „

   „   „   „   65—70   „   12   „

   „   „   „   70—75   „   11   „

   „   „   „   75—80   „   8   „

   „   „   „   80—85   „   4   „

   „   „   „   85—90   „   6   „

Der Verschluss fand in 40 dieser Fälle in der Gegend des inneren, in 23 Fällen am äusseren Muttermund, in 9 Fällen längs des ganzen Cervix und endlich in den letzten 2 Fällen sowohl am inneren als am äusseren Muttermunde statt. In beiden letzteren Fällen wurde zugleich eine Hydrometra bicamerata beobachtet, die insoferne noch interessanter war, als zugleich eine vollständige Reflexio uteri stattgefunden und der ganze Uterus so die Gestalt eines Zwerchsackes angenommen hatte.

Auch Hämatometra kann, wenn auch seltner, im klimakterischen Alter in ähnlicher Weise wie Hydrometra vorkommen. Es sammelt sich Blut, dasselbe möge aus ateromatösen Venen des Uterus und der Tuben kommen (was im höheren Alter keine so seltene Erscheinung) oder anderen Entstehungsgrund haben, im Uterus an, während das orific uter. extern. durch Verwachsung der Vaginalwände mit der Vaginalportion verschlossen ist. Eine solche Verwachsung ist aber die Folge einer Vaginitis ulcerosa adhaesiva, die in manchen Fällen bei alten Frauen zu einem Verschlusse des Orificium führt.

Lageveränderungen des Uterus.

Zu den im klimakterischen Alter häufigsten Lageveränderungen des Uterus gehört der Prolapsus der Gebärmutter. An veranlassenden Momenten hiezu fehlt es nicht, besonders bei Frauen, welche viele Geburten überstanden oder an Vergrösserung des Uterus gelitten haben, vorzüglich durch den Umstand, dass die Stützen des Uterus bei der allgemeinen Erschlaffung der Gewebe schwächer geworden sind.

Manche schon längere Zeit bestehenden Lageveränderungen des

Uterus werden nun erst zum völligen Prolapsus. · Die Stützen des Uterus waren schon früher gelockert worden und der Uterus ruht ausschliesslich auf dem Perineum. · Dadurch, dass das adipose Gewebe um die Vulva sich vermindert und diese ihre straffe Spannung einbüsst, tritt schliesslich der Uterus aus der Vulva hervor.

Es kommen oft die hochgradigsten Fälle solcher Prolapsus vor mit allen consecutiven Erscheinungen der Gewebsänderung und der Beeinträchtigung der Blasenfunction und Mastdarmentleerung u. s. w.

Unter unseren 500 Beobachtungsfällen klimakterischer Frauen fanden wir dieses Leiden 65mal in mehr oder minder hohem Grade. Die Häufigkeit des Prolapsus uteri im klimakterischen Alter zeigt auch die folgende Zusammenstellung aus den Sectionsergebnissen des Prager pathologisch-anatomischen Institutes vom Jahre 1868 bis 1871, wornach dieser Zustand gefunden wurde:

Im Alter von 30—35 Jahren bei 2 Frauen

„	„	„	35—40	„	„	2	„
„	„	„	40—45	„	„	6	„
„	„	„	45—50	„	„	3	„
„	„	„	50—55	„	„	6	„
„	„	„	55—60	„	„	8	„
„	„	„	60—65	„	„	6	„
„	„	„	65—70	„	„	4	„
„	„	„	70—75	„	„	4	„
„	„	„	75—80	„	„	4	„
„	„	„	80—85	„	„	2	„

Die Neigungen und Beugungen der Gebärmutter haben, wiewohl sie im höheren Alter so häufig vorkommen, doch hier nicht mehr die Bedeutung, wie zur Zeit des Geschlechtslebens. ⁺ Einerseits nämlich nimmt das Volumen des Uterus in Folge der senilen Involution des Gebärorganes merklich ab und anderseits fallen nach der Cessation der Menses die die Menstrualperioden bei einer vorhandenen Knickung in der Regel begleitenden profusen Blutungen und heftigen Uterinalkoliken sowie mehrere der quälendsten Krankheitssymptome von selbst weg. Hierin ist die durch die Erfahrung oft bestätigte Thatsache begründet, dass Frauen, welche seit langer Zeit an Knickungen der Gebärmutter leiden, sobald sie die klimakterische Periode überstanden haben, allmählig die durch jenes Leiden verursachten Beschwerden verlieren und sich zuletzt vollkommen erst fühlen, wiewohl die Veränderung des Gebärorganes objectiv noch fortbesteht.

Leukorrhoe.

Wir fassen hier unter diesem Namen alle schleimigen und eitrigen Ausflüsse aus den Sexualorganen zusammen.

Leukorrhoe ist eine so gewöhnliche Erscheinung bei Frauen des klimakterischen Alters, dass die Angabe, ein Drittel der Frauen leide zu dieser Zeit daran, gewiss nicht zu hoch gegriffen ist. Bei unseren 500 Fällen fanden wir dieses Symptom sogar 327 Mal, also mehr als bei der Hälfte. Tilt gibt an, unter 500 Frauen, welche ihre Menses verloren, haben 158 an Leukorrhoe gelitten. Unter 260 Frauen, bei denen die Menses aufgehört hatten, waren nach demselben Autor 143 (55 pCt.) nur mit Leukorrhoe behaftet gewesen, von den übrigen 117 (45 pCt.) Frauen war die Vaginalabsonderung zur Zeit der Cessation vermehrt worden bei 77 (65,8 pCt.) verändert bei 24 (20,5 pCt.) und unverändert geblieben bei 16 (13.6 pCt.)

Man hat die schleimigen Ausflüsse als eine vicariirende Erscheinung für die Menstruation betrachtet und glaubte sich dazu um so eher berechtigt, als die Leukorrhoe zuweilen periodisch um die Zeit der sonst erfolgten Menstruation auftritt, als dieser periodischen Leukorrhoe Kreuzschmerzen, Gefühl von Schwere im Unterleibe und die anderen Vorboten vorangehen, welche man gewohnt ist, als Molimina menstrualia zu bezeichnen.

Tilt hat unter 500 Frauen, die ihre Menses verloren hatten, 12 Fälle von „monatlicher Leukorrhoe" beobachtet und zwar war diese in einem Falle ein ganzes Jahr in monatlichen Intervallen aufgetreten, in einem anderen Falle 18 Monate lang, in mehreren durch 2 Jahre und in einem Falle sogar durch 7 Jahre.

Purulente continuirliche Ausflüsse sind gewöhnlich der Ausdruck einer ernsteren Erkrankung des Uterus und seiner Adnexa und haben meist ihren Grund in Geschwüren des Cervix, cancröser Entartung desselben u. s. w.

Zuweilen kommen purulente Ausflüsse aus der Gebärmutter in den klimakterischen Jahren dadurch zu Stande, dass bei der senilen Atrophie des Uterus Contractionen an der Verbindungsstelle des Körpers und des Halses der Gebärmutter entstehen, in Folge deren eine Anhäufung in der Gebärmutterhöhle stattfindet, wodurch

dann gelegentlich und abrupt vorkommende Absonderung einer purulenten Flüssigkeit aus den Genitalien stattfinden. Diese purulente Ausflüssen sind dann natürlich nicht continuirlich, sondern periodisch auftretend. Clarke und Ashwell haben einer purulenten Ausflussart erwähnt, welche ihrer Beschreibung nach, durch
Bildung und Zurückhaltung von Eiter in der Gebärmutterhöhle entsteht, wobei der so formirte Eiter in der eben erwähnten Weise
abfliesst. In dem von Ashwell beschriebenen Falle betrug das in
dieser Weise mehrmals abgeflossene Fluidum fast ein halbes Pint.
Hewitt hat ganz ähnliche Fälle beobachtet. Safford Lee hat
Eiterabfluss in Folge Suppuration eines Polypen im Uterus gesehen.
Duncan hat die Aufmerksamkeit auf dieses Vorkommen, namentlich bei alten Frauen, welche bereits zu menstruiren aufgehört haben, gelenkt.

Saniöse Ausflüsse aus den Sexualorganen kommen gleichfalls im klimakterischen Alter nicht selten vor und bestehen in einer
röthlich gefärbten Flüssigkeit, welche Beimischung von Blutelemen-
ten enthält. Solche Ausflüsse kommen bei Frauen vor, wo starke
Hämorrhagien stattfinden, gewöhnlich einige Zeit nach Stillstand
dieser Blutungen. Zuweilen liegt die Veranlassung zu solchen Ausflüssen in Tumoren innerhalb der Gebärmutterhöhle, in organischen
Erkrankungen des Uterus, in Ulcerationen des Cervix uteri. Im
Allgemeinen sind alle veranlassende Ursachen von Gebärmutterblutungen auch geeignet, den Ausflüssen einen saniösen Charakter zu
verleihen.

Uteruscarcinom und fibröse Geschwülste.

Das Carcinom der Gebärmutter gehört zu den häufigsten Affectionen des Uterus im klimakterischen Alter. Nach statistischen Zusammenstellungen ist der Krebs des Uterus unter allen
in den menschlichen Organen beobachteten krebsigen Erkrankungen
der häufigste und kommt, wie wir bereits in einem früheren Ca-
pitel durch Ziffern nachgewiesen haben, am öftesten im klimakterischen Alter der Frauen vor. (Wenn unter unseren 500 Beobachtungsfällen, welche wir dieser Arbeit zu Grunde gelegt haben,
das Carcinoma uteri so selten, nämlich nur 3 Mal vorkam, so hat
diese auffallend geringe Zahl ihren Grund in dem Umstande, dass
unser Beobachtungsmaterial zumeist unserer Badepraxis entnommen

ist, Frauen mit Gebärmutterkrebs aber wohl kaum in einen Kurort gesendet werden. In der That sind auch diese 3 Fälle nicht als solche zu Hause erkannt worden).

Die Diagnose des Uteruscarcinoms ist im Beginne eine sehr schwierige. So lange nur die Vaginalportion diffus infiltrirt erscheint, ohne dass es zum Durchbruche der Schleimhaut gekommen ist, ist die Diagnose wohl erst nach längerer Beobachtung des Falles möglich. Die Specularinspection bietet uns hier kein hinlängliches Mittel, da man aus der mehr oder weniger hyperämischen Beschaffenheit der Schleimhaut des Vaginaltheiles nicht auf die carcinomatöse Natur der Infiltration schliessen kann. Die diffuse krebsige Infiltration des Vaginaltheiles hat in ihrem Beginne sehr viele Aehnlichkeit mit der sogenannten gutartigen Induration, wie solche bei chronischer Metritis vorkommt und es sind Verwechslungen dieser beiden Zustände nur zu leicht möglich. Die längere Beobachtung des Falles und die bei carcinomatöser Natur der Infiltration sich später einstellenden Veränderungen sind hier massgebend.

Es geht nämlich bei carcinomatöser Infiltration nach längerem Bestande derselben die Schleimhaut allmählig unter; die schon weichere Aftermasse wuchert frei in die Scheide hinein, bildet daselbst Tumoren von verschiedener Grösse, welche bald an der Oberfläche zu nekrotisiren beginnen, während die krebsige Degeneration nach oben auf den Cervix und Grund des Uterus übergreift und diese Partien ganz oder theilweise zerstört.

Wir sahen auf der Seyfert'schen Klinik übrigens, sobald das Carcinom die Schleimhaut durchbrach und in die Vagina hineinwucherte, schon bei einer blos linsengrossen Papille diesen zu früh verstorbenen genialen Gynäkologen die Diagnose der carcinomatösen Natur aus dem Umstande machen, dass dieselbe (die Papille) sich mit dem Nagel abbröckeln lässt. Ein solches Verhalten soll nach Seyfert dem Carcinom allein zukommen.

Besteht das Carcinom durch längere Zeit und ist es bereits zur Ulceration desselben gekommen, so sind die oben erwähnten Veränderung so charakteristisch, dass die Digitaluntersuchung zur Feststellungen der Diagnose hinreicht. Die Specularinspection erfordert dann jedenfalls sehr grosse Vorsicht, da sie recht schmerzhaft ist und eine starke Ausdehnung leicht Perforation in die Blase oder den Mastdarm veranlassen kann. Es ist selbstverständlich, dass die mikroskopische Untersuchung der abgebröckelten oder von selbst abgestossenen Massen nicht unterlassen werden darf.

Becquerel gibt in seinem Traité des maladies de l'uterus folgende Unterscheidungen, welche die differentielle Diagnose zwischen carcinomatöser Infiltration des Cervix und Chron. Entzündung mit Induration schon im Beginne sichern sollen:

<table>
<tr><td>

Skirrhus des Cervix.

</td><td>

Chronische Entzündung mit Induration.

</td></tr>
<tr><td>

1) Hals sehr hart, uneben, höckerig, Muttermund nicht immer geöffnet, seine Ränder zuweilen gekerbt.

</td><td>

1) Hals weniger hart, beide Lippen gleichmässig entwickelt, immer geöffneter Muttermund.

</td></tr>
<tr><td>

2) An der Erkrankung des Halses nimmt zuweilen die Vagina Theil. Unbeweglichkeit und Einkeilung des Uterus.

</td><td>

2) Die Vagina bleibt stets frei, der Uterus behält seine Beweglichkeit.

</td></tr>
<tr><td>

3) Häufig ist der Einfluss der Erblichkeit nicht zu verkennen.

</td><td>

3) Keine Erblichkeit nachweissbar.

</td></tr>
<tr><td>

4) Sehr lebhafte, heftige, oft lancinirende Schmerzen, auf welche die Bewegungen keinen Einfluss zeigen.

</td><td>

4) Weniger lebhafte, mehr dumpfe, durch Bewegungen namhaft gesteigerte Schmerzen.

</td></tr>
<tr><td>

5) Die Untersuchung per vaginam ist unschmerzhaft.

</td><td>

5) Die Untersuchung ist schmerzhaft.

</td></tr>
<tr><td>

6) Zuweilen fehlt jeder Ausfluss, in anderen Fällen ist er sehr reichlich, albuminös.

</td><td>

6) Immer ist Ausfluss vorhanden und zwar entleert sich ein durchsichtiger oder eiterartiger Schleim.

</td></tr>
<tr><td>

7) Reichlichere Menstruation, zuweilen profuse Metrorrhagie, von keinen Schmerzen begleitet.

</td><td>

7) Schmerzhafte Menstruation, häufig retardirt, beinahe immer spärlich.

</td></tr>
<tr><td>

8) Es fehlen die der Anämie eigenthümlichen Erscheinungen; dagegen zeigen sich jene der krebsigen Diathese.

</td><td>

8) Deutlich anämische Erscheinungen.

</td></tr>
<tr><td>

9) Unaufhaltames Fortschreiten der Krankheit.

</td><td>

9) Oft langes Stillstehen des Zustandes.

</td></tr>
</table>

Spiegelberg hat jüngstens (Arch. f. Gynäk. 1872) als Zei-

chen angegeben für die Diagnose des ersten Stadium des Carcinoma coll. uteri, „dass 1) auf einer krebsigen Entartung die Schleim-
hautdecke immer unverschiebbar, fast mit dem Unterliegenden verbunden ist, was bei der hyperplastischen Verdickung und Verhärt-
ung nicht so der Fall und 2) dass während letztere unter dem
Drucke eines im Mutterhalse quellenden Pressschwammes regelmässig, sei es zunächst bisweilen auch nur unbedeutend, lockerer, weicher und dünner wird, die krebsige Infiltration unverändert starr
und hart bleibt und nicht gedehnt wird."

Das Uteruscarcinom veranlasst wesentliche lokale und später
auch allgemeine Störungen. Unter den lokalen Symptomen sind
die Hämorrhagien, die Schmerzen und der putride, schleimigeiterige,
jauchige Ausfluss am hervorragendsten.

Gebärmutterblutungen sind in der Regel das erste und
durch lange Zeit oft einzige Symptom der krebsigen Degeneration.
Die Metrorrhagien sind um so häufiger und intensiver, je gefäss-
reicher und vulnerabler die Aftermasse ist; besonders profuse sind
sie bei dem als Blumenkohlgewächs bekannten epithelialen Carci-
nome. Sobald einmal das Carcinom in grossem Umfange verjaucht
ist, dann sind die Blutungen in der Regel seltener und minder intensiv.

Die Schmerzen sind ein ebenso constantes als qualvolles
Symptom des Uteruscarcinoms und stehen oft in gar keinem Verhältnisse zur Ausdehnung der Affection, indem oft geringe Degeneration des Vaginaltheiles die furchtbarsten Schmerzen verursachen. Die Schmerzen sind zumeist Kreuz-Lenden- und hypogastri-
sche Schmerzen, nach der Brust und der inneren Schenkelfläche
ausstrahlend und werden zumeist als heftiges Gefühl von Brennen
angegeben. Ausserdem verursacht die behinderte Defaccation, der
häufige Harndrang, zuweilen gänzliche Harnverhaltung wesentliche
Beschwerden.

Der Ausfluss besteht beim Carcinoma uteri zumeist aus einer schleimigen, eiterigen, fleischwasserähnlichen, penetrant riechen-
den jauchigen Flüssigkeit, welche mehr oder weniger profus continuirlich abgeht und corrodirend auf die äusseren und inneren Genitalien wirkt. Später, wenn die Ernährung des gesammten Organismus durch die starken Blutverluste, die vehementen, Tag und
Nacht anhaltenden Schmerzen, den reichlichen Abgang des Ausflusses aus den Geschlechtsorganen, den hinzugetretenen Catarrh der

Mastdarmschleimhaut und Harnwege wesentlich gelitten hat, treten Störungen im Allgemeinbefinden auf, es kommt zu Anämie, Hydrops und Marasmus als gewöhnliche Consecutiverscheinungen des seit längerer Zeit bestehenden Carcinoms. Den Schluss des Leidensbildes geben gewöhnlich pyämische und urämische Erscheinungen ab. Es ist vorzüglich Seyfert's Verdienst auf die grosse Häufigkeit der Urämie bei Uteruscarcinom aufmerksam gemacht zu haben.

Nicht so häufig wie zur Entstehung des Uteruscarcinoms gibt das klimakterische Alter Veranlassung zur Entstehung von fibrösen Geschwülsten der Gebärmutter. Wohl aber müssen wir auch hier zugestehen, dass das klimakterische Alter auf Entwickelung bereits bestehender derartiger Geschwülste einen wesentlich begünstigenden und fördernden Einfluss übe. Es gilt dies sowohl von den fibrösen Geschwülsten, welche sich blos innerhalb der Wand der Gebärmutter entwickeln, als von den fibrösen Polypen, welche in die Uterushöhle hineinragend, gegen das Orificum herabwachsen und zuweilen bis an die äusseren Genitalien treten.

Es scheint, dass die Entstehung der fibrösen Geschwülste des Uterus selbst dort, wo sie bei Frauen des klimakterischen Alters beobachtet werden, aus einer früheren Zeit der erhöhten geschlechtlichen Function datirt und erst mit dem Cessiren der letzteren ein stärkeres Wachsthum erfolgt. v. Scanzoni ist der Ansicht, dass fibröse Geschwülste der Gebärmutter am häufigsten im Alter von 35 bis 45 Jahren vorkommen, also vor der klimakterischen Zeit.

Neurosen der Sexualorgane.

Zu den im klimakterischen Alter am häufigsten vorkommenden Neurosen der Sexualorgane gehört der Pruritus vaginae et vulvae, eines der belästigendsten Symptome, über das die Frauen dieses Alters klagen.

Auf einer Hyperästhesie der Empfindungsnerven der Scheide und äusseren Scham beruhend, verursacht der Pruritus entweder periodische, zumeist in der Nacht beim Zubettliegen auftretende, oder anhaltende peinliche Empfindungen, welche zuweilen einen so hohen Grad erreichen, dass die Frauen gemüthskrank, ja nicht selten geradezu lebensüberdrüssig werden.

Bei geringeren Graden des Pruritus findet man objectiv keine

wesentlichen Veränderungen in den Genitalien, höchstens Zeichen
von Hyperämie am Introitus vaginae. Wenn hingegen dieses Leiden einen höheren Grad erreicht hat, die Frauen vom Jucken heftig gequält werden und sich durch Kratzen und Reiben Erleichterung zu verschaffen suchen; so findet man die Labien in der
Regel angeschwollen, ihre Oberfläche erythematös geröthet, einzelne
Haarbälge geschwellt und prominirend, der Introitus vaginae ausserordentlich empfindlich, scharlach- oder lividroth mit stellenweise
abgestossenem Epithel, einzelne Schleimbälge in Form von Hirse-
korn- bis linsengrossen, mit einer serösen oder puriformen Flüssigkeit angefüllten Blasen angeschwollen, namentlich zeigen sich diese
an der inneren Fläche der kleinen Schamlippen und in der Umgebung der Clitoris. Die hier deutlich erkennbare Hyperämie der
äusseren Genitalien bekundet sich auch noch durch eine gesteigerte
Secretion einer deutlich sauer reagirenden, ätzenden Flüssigkeit, welche ihrerseits durch diese letztere Eigenschaft die ohnedies beträchtlichen Beschwerden der Kranken steigert und, wie v.
Scanzoni betont, gar nicht selten mit unwiderstehlicher Gewalt
zur Ausübung der Masturbation nöthigt. Bei älteren Fällen
kommt es ausser zur Anschwellung, Röthung und Oedem der Nymphen auch zur Hypertrophie, Verlängerung und Deformitäten derselben nebst bräunlicher Pigmentirung, häufig auch zu mehr oder
minder beträchtliche Varicositäten. Zuweilen findet sich dabei ausgedehnte Vulvitis und Vaginitis.

Eine andere bei Frauen des klimakterischen Alters nicht all-
zuselten vorkommende, Neurose ist der als Vaginismus bekannte
Zustand von excessiver Hyperästhesie des Introitus vaginae in Verbindung mit heftigen, unwillkürlichen spasmodischen Kontraktionen
des Sphincter vaginae. Diese irritable, spasmodische Contraction
wird durch jede geringste Berührung, natürlich auch jeden Versuch
des Coitus erzeugt. Der Schmerz ist von verschiedener Intensität.

Aber ebenso wie diese Fälle von Hyperästhesie, kommen,
wenn auch viel seltener, manchmal Fälle von Anästhesie des
Sexualsystems vor, sich kundgebend durch objectiv nachweisbare
Analgesie der äusseren Genitalien und der Vaginalschleimhaut, sowie durch Empfindungslosigkeit beim Coitus und Reizung der Geschlechtsorgane. Wir hatten Gelegenheit, dieses Symptom bei einigen Frauen des klimakterischen Alters zu beobachten, die im All-

gemeinen den Typus schwächlicher nervöser, in ihrer Ernährung herabgekommener Individuen boten.

Krankheiten der Brustdrüsen.

Die Sympathie, welche sich in den früheren Phasen des weiblichen Geschlechtslebens, in der Pubertät, in der Schwangerschaft und im Wochenbette zwischen den Brustdrüsen und dem Uterus bekundet, verläugnet sich auch nicht in der klimakterischen Periode. Hier gelangt sie vorzüglich durch die ausserordentliche Neigung zu Neubildungen in den Brüsten zum Ausdrucke. Die theoretische Erklärung hiefür mag in dem Umstande liegen, dass die mannigfachen Menstruationsanomalien der klimakterischen Jahre in Folge des als „nutritiven Antagonismus" bezeichneten Vorganges Congestionen zu den Brüsten veranlassen, welche bei dem gleichzeitig eintretenden Schwund der Brustdrüse, eine abnorme Vermehrung desorganisirter Zellen hervorrufen, die den Heerd für Neubildungen verschiedener Art geben.

Unter diesen Neubildungen ist es vorzüglich das Carcinoma mammae, das zumeist in den klimakterischen Jahren zur Entwickelung gelangt, wie wir dies schon früher erörtert haben. Es kömmt sowohl der Faserkrebs, Scirrhus, als der Medullarkrebs, der Erstere allerdings viel häufiger vor und bieten die bekannten Symptome. In den meisten Fällen ist das Brustdrüsen-Carcinom das primäre im Organismus, in sehr seltenen Fällen entwickelt sich dasselbe als secundäres Carcinom bei Krebs des Uterus, der Ovarien.

Eine allgemeine Hypertrophie der Brustdrüse, wobei sowohl die eigentliche Substanz der Drüse, als das dieselbe umhüllende und zwischen den Lappen befindliche Fett mit dem Bindegewebe an der Wucherung Theil nehmen, wird in dieser Lebensperiode äusserst selten beobachtet, wiewohl sie im Alter der geschlechtlichen Reife mit Störungen der Menstruation im Zusammenhange gefunden wird.

Häufig kommt hiegegen im klimakterischen Alter in der Brustdrüse Hyperplasie des Fettgewebes vor und zwar besonders bei fettleibigen Individuen als Theilerscheinung allgemeiner Obesitas oder als ziemlich beschränkte Erkrankung. Die eigentliche Drüsensubstanz findet sich dabei entweder, dem Alter entsprechend unverändert oder aber, man kann bei der anatomischen Untersuchung in den sehnigen weisslichen Zügen, welche von der

Warze ausstrahlen, nicht die Spur mehr eines Milchganges unterscheiden: Die Mamma degenerirt unter solchen Verhältnissen mitunter zu monströsen Tumoren nach Art eines hängenden Lipoms. Wir sahen solche Fettbrüste von kolossalem Umfange bis zur Inguinalgegend herabreichen.

Virchow beschreibt (Die krankhaften Geschwülste, Berlin 1863) gleichfalls diese aus der allgemeinen Zunahme ganzen, die Milchdrüse umgebenden Fettes entstehenden Anschwellungen der gesammten Brust, die man wohl nach ihrem äusseren Ansehen als Hypertrophia mammae bezeichnet, die aber in Wahrheit eine Polysarie der Mamma ist.

Erwähnenswerth wäre hier noch die im klimakterischen Alter ziemlich häufig vorkommende Neurose der Brustdrüse, die Mastodynie, welche ein ebenso schmerzhaftes und quälendes Leiden bildet, als es anderseits zu diagnostischen Irrthümern (Verwechslung mit Carcinom) Veranlassung geben kann. Letzteres um so mehr, wenn die sogen. Romberg'schen neuralgischen Geschwülste vorhanden sind, von denen wir bei den Krankheiten des Nervensystems noch weiter sprechen.

VII. Capitel.

Krankheiten des Nervensystems.

~~~~~~~~~

Nächst den Krankheiten der Sexualorgane sind es die kran k-
haften Zustände im Gebiete der Nerven, welche am häufigsten, mit den Vorgängen der klimakterischen Periode in causalem
Zusammenhange stehend, in diesen Jahren Gegenstand der Beobachtung werden.

Die Störungen im Nervensystem geben sich hier im Allgemeinen vorzüglich als Hyperästhesien (seltener als Anästhesien)
und Hyperkinesen (seltener als Akinesen) kund. Die periphe-
ren Endigungen der Empfindungsnerven zeigen sich erregbarer als
im normalen Zustande, indem jeder auf dieselben einwirkende Reiz
eine unverhältnissmässig grosse percipirte Empfindung hervorbringt (peripherische Hyperästhesien). Anderseits veranlassen die
einwirkenden Reize eine disproportionale excessive Reaction im
Bewusstsein (centrale Hyperästhesien) und steigern sich zu psychischen Hyperästhesien.

Die cutane Hyperästhesie gibt sich bei Frauen des klimakterischen Alters in der verschiedensten Weise kund, am häufigsten
durch jene Empfindungsanomalie, die als Pruritus oder als Prurigo bezeichnet, sich durch anfallsweise auttretendes Jucken, in
mehr oder minder umfangreichen Hautbezirken charakterisirt und
mit nutritiven Veränderungen des Integuments, gewöhnlich in Form
papulöser Eruptionen verbunden zu sein pflegt. Die peinliche
Hautempfindung, das Jucken, ist dabei das Primäre, dem in der
Regel erst nach einiger Zeit örtliche nutritive Veränderungen,
Röthung, Temperaturerhöhung, Knötchenbildung u. s. w. folgen.
(Diese letzteren Erscheinungen dürften übrigens ebenso als Aus-

druck der Reizung vasomotorischer Hautnerven, wie das Jucken
als Zeichen der Reizung der sensiblen Hautnerven angesehen werden). Wie bereits bei den Krankheiten der Sexualorgane erwähnt
wurde, ist Puritus vulvae die häufigste und wichtigste Form, unter
welcher dieses Leiden im klimakterischen Alter auftritt.

Den cutanen Hyperästhesien schliessen sich auch die Em-
pfindungsanomalien der Haut an, welche so häufig bei
Frauen im klimakterischen Alter als krankhaftes Hitzegefühl
als „fliegende Hitze" an verschiedenen Körperstellen auftreten, wobei gewöhnlich auch eine rasch auftretende und wieder verschwin-
dende Röthung der Haut vorkommt. Es liegt diesem krankhaften
Hitzegefühle zumeist eine plötzliche Schwankung im Blutgehalte
der betreffenden Hautstelle zu Grunde, eine vermehrte Blutfüllung
der Haut, zuweilen ist aber diese nur so unbedeutend, dass eben
eine pathologische Empfindlichkeit der peripherischen Nerven dazu
gehört, um das Hitzegefühl zu bewirken.

Hier lässt sich auch die bei Frauen des klimakterischen Alters
so häufig vorkommende Empfindung von Scheinbewegung einreihen,
die als Schwindel bekannt von Romberg zu den Hyperästhesien
der Muskelgefühlsnerven gezählt wird. Es stellt sich bei Frauen
in dieser Lebensepoche sehr oft ohne Veranlassung oder bei unge-
wohnten Bewegungen und Stellungen das Gefühl von Herumdrehen
ein, entweder des eigenen Körpers oder der sicht- und tastbaren
Umgebungen. Mit dieser Empfindung verbindet sich das Gefühl
des gestörten Gleichgewichtes und reihen sich optische und acu-
stische Hyperästhesie (Flimmern vor den Augen, Ohrensausen) an
schmerzhafte Empfindungen im Kopfe, besonders im Hinterhaupte,
Uebelkeit, Erbrechen, Angstgefühl, Ausbruch kalten Schweises,
Beben und Zittern der Muskeln, voller, langsamer oder kleiner,
frequenter Puls, Röthe oder Blässe des Gesichtes, Kälte der Füsse.
Der Schwindel tritt in Anfällen auf, deren Dauer gewöhnlich kurz
ist, von einigen Minuten bis zu einer Viertelstunde. Es sind namentlich plethorische, fettleibige Frauen, die an Schwindel leiden.
Romberg sagt: „Vollsaftige Constitution und sitzende Lebensweise,
zumal beim weiblichen Geschlechte in den klimakterischen Jahren
sind der Entstehung dieser Krankheit günstig."

Tilt hebt besonders das Vorkommen eines Zustandes von
„Pseudo-Narkotismus" bei klimakterischen Frauen hervor,
einer Art von Schwindel, eines Gefühles von schwimmender Be-

wegung, Unsicherheit des Schrittes, Leerheit des Gesichtsausdruckes, Verschwommenheit der trüben, wie trunkenen, Augen, einer Form von Betäubung, aus welcher sich die Frauen nur mit einer gewissen Anstrengung reissen können. Solche Patientinnen sagen, sie fühlten sich, als wenn sie zu viel getrunken hätten, als wenn ihnen etwas in den Kopf gestiegen wäre, sie fürchten sich, man werde sie für betrunken halten, wenn sie, sich möglichst überall anhaltend, über die Strasse gehen, oder meinen wenigstens, sie müssen sich für jeden Besuch abschliessen, um den guten Ruf der Nüchternheit nicht in den Augen Fremder zu gefährden.

, Solche Beispiele eines „Pseudo-Rausches" sind zum Glücke selten. Sie sind aber nur der äusserste Grad dessen, was man sehr häufig beobachtet. Die gewöhnlichen Symptome sind grosse Neigung zum Schlafen, unangenehme Schwere des Kopfes, ein Gefühl, als wenn eine Wolke oder Spinngewebe vom Gehirne weggewischt werden müsste, Abneigung vor jeder Anstrengung und Abnahme des Gedächtnisses und der Geisteskräfte.

Ein anderes unangenehmes Symptom der Nerven-Alteration im klimakterischen Alter ist die hier so häufig vorkommende Schlaflosigkeit. Frauen, die sich während des Tages ziemlich wohl befinden, bekommen des Nachts, zuweilen um dieselbe Stunde wiederkehrend, allgemeine Unruhe und können durchaus nicht den ersehnten Schlaf finden. Sie werfen sich unruhig im Bette herum, oder gehen im Zimmer rastlos auf und ab, und befinden sich in Folge dessen in verzweifelter Stimmung.

Von den Neurosen des Empfindungsapparates kommen die oberflächlichen cutanen Neuralgien verschiedener Art im klimakterischen Alter nicht so häufig vor, wie in der Pubertätszeit und in der Zeit des höchst entwickelten Geschlechtslebens. Hingegen sind nach unserer Erfahrung die visceralen Neuralgien (Cardialgie, Neuralgia hypogastrica) häufiger. Unter den Neurosen des Bewegungsapparates sind die Lähmungen verhältnissmässig seltener Gegenstand der Beobachtung, als die Hyperkinesen und Parakinesen, die Krämpfe in den verschiedenen Gebieten der motorischen Nerven.

Unter den oberflächlichen Neuralgien fanden wir am meisten Hemicranie und Neuralgia intercostalis vertreten.

Die Hemicranie tritt im klimakterischen Alter zumeist typisch mit der Menstruation oder wenn diese bereits cessirte, um die Zeit, in welcher sie eintreten sollte, auf, und charakterisirt sich durch

anfallsweise dumpfe, bohrende, spannende Schmerzen, die zumeist
auf eine Schädelhälfte beschränkt sind, und zwar öfter die linke
als die rechte Seite befallen, dabei meistens die Frontal-, Parietal-
und Temporalgegend einnehmen. Den Anfällen gehen meist Sensationen von Flimmern vor den Augen, Sausen vor den Ohren,
Frostschauer, Gähnen, Uebelkeit, Gefühl von Abgeschlagensein
und Unbehaglichkeit voraus, zuweilen ist auch Brechreiz vorhanden.
Nach längerer Dauer des Schmerzes, welche sich auf mehrere Stunden bis auf einen halben Tag erstreckt, befällt die Kranken das
Gefühl von Mattigkeit nnd Neigung zum Schlafe. Gewöhnlich sind
dabei auch Symptome von Blutfülle auf der betroffenen Schädelhälfte, Röthung und Temperaturerhöhung vorhanden.

Eine für das klimakterische Alter sehr wichtige Neuralgie ist
die Intercostalneuralgie und zwar besonders ihre spezielle Form
die Mastodynie (Cooper's irritable breast). Der Schmerz beschränkt
sich hier auf die Brustdrüse und die nächste Umgebung derselben,
welche von den oberen Nervi cutanei pectorales mit sensiblen Fasern versorgt werden. Die Mastodynie, gehört zu den physisch und
psychisch quälendsten Leiden, denn die Frauen sehen diesen Schmerz
fast immer als ein Symptom des entstehenden Brustkreb-
ses an und lassen sich selten von dieser sie betrübenden Vorstell-
ung abbringen, die ihnen durch das häufige Vorkommen von Brustkrebs in diesem Alter so sehr berechtigt erscheint. Wir haben
auf diese Weise schwere Fälle von Melancholie entstehen gesehen.

Die Schmerzen selbst erreichen oft eine unerträgliche Heftigkeit und die Anfälle haben zuweilen mehrstündige Dauer. Oefters
ist die Neuralgie mit Bildung eigenthümlicher kleiner Knötchen im
Gewebe der Drüse verbunden, die hart, sehr empfindlich sind, und
von Erbsen- bis Haselnussgrösse variiren — Romberg's „neuralgische Geschwülste". Unter solchen Verhältnissen wird auch für
den Arzt die Differentialdiagnose zwischen Neubildungen maligner
Art in der Brustdrüse und Mastodynie mit grossen Schwierigkeiten
verbunden sein.

Unter den visceralen Neuralgien ist die Cardialgie hervorzuheben, die sich durch spontane, anfallsweise auftretende Schmerzen kund gibt, welche sich in der Regio epigastrica concentriren
oder von dort nach dem Rücken und nach der Sternalgegend hin
ausstrahlen. Die Anfälle kommen meist plötzlich ohne Prodrome
und wiederholte Remissionen und Exacerbationen. Gegen Ende

des Anfalles wird zuweilen krampfhaftes Gähnen, Uebelkeit, Erbrechen, Aufstossen oder Drang zur Harnentleerung beobachtet. Die Dauer der Anfälle variirt von mehreren Minuten oder einer halben Stunde bis zu mehreren Stunden, ja zur Dauer eines ganzen Tages. Die Wiederkehr der Anfälle erfolgt sehr unregelmässig. Eulenburg (Lehrbuch der functionellen Nervenkrankheiten. Berlin 1871) hebt einen Fall hervor, der eine 49jährige Frau betrifft, bei der seit dem Beginne der Menstruation jedesmal zur Zeit derselben in regelmässigen 3 bis 4wöchentlichen Perioden ein Anfall auftrat und wie dann seit dem Verschwinden der Menses (seit zwei Jahren) die Anfälle häufiger erfolgten, durchschnittlich in jeder Woche zweimal.

Die Neuralgia hypogastrica kömmt, so wie früher in der Zeit der Geschlechtsthätigkeit, wo sie als „Menstrualcolik" gemeinhin bezeichnet wird, auch im klimakterischen Alter nicht selten vor und erhält dann in trivialer Weise vom Publicum die Bezeichnung als Hämorrhoidalcolik. Diese Neuralgie von Romberg als Hyperästhesie des Plexus hypogastricus bezeichnet, wird charakterisirt durch schmerzhafte Empfindungen in der unteren Bauch- und Sacralgegend, welche mit einem pressenden Gefühl auf Rectum, Blase und die Sexualorgane, und häufig mit Irritation auf die Oberschenkel und das Gebiet der spinalen Nerv. haemorrhoidales einhergehen.

Erwähnt sei noch einer Neuralgie, welche in einzelnen Fällen im klimakterischen Alter beobachtet wird, nämlich des excessiven Wollustgefühles, das von Romberg den Neuralgien des Plexus spermaticus angereiht wird. Es ist dieses gesteigerte Wollustgefühl meist mit Erscheinungen abnormer reflectorischer und psychischer Reaction, mit Puls- und Respirationsbeschleunigung, psychischer Aufregung, Bewusstlosigkeit, ja selbst mit allgemeinen convulsivischen Anfällen verbunden. Gewöhnlich ist unter Anderen gleichzeitig auch Pruritus vulvae et vaginae vorhanden, und wird das gesteigerte Wollustgefühl in Verbindung mit Symptomen von Nymphomanie oder als Vorläufer epileptischer Anfälle beobachtet.

Zu den Hyperkinesen, Neurosen des Bewegungsapparates mit irritativem Charakter (d. h. wobei durch den einwirkenden Reiz excessive, die normale Proportion übersteigende motorische Reactionen ausgelöst werden), welche im klimakterischen Alter beobachtet werden, gehören die verschiedensten Formen derjenigen Zu-

stände, welche als krampfhafte bezeichnet werden: Tonische und
clonische Krämpfe, convulsivische und spastische Neurosen.

Eine recht häufige Krankheit der klimakterischen Frauen ist
endlich die Hysterie, bekanntlich von Romberg als eine von Ge-
nitalienreizung ausgehende Reflexneurose bezeichnet. Dieser Autor
zählt (in seinem Lehrbuche der Nervenkrankheiten 1851) unter die
Ursachen der Hysterie auch „enthaltenen Geschlechtsge-
nuss, besonders nach früherer Befriedigung, dürftige oder
unterdrückte Katamenien". Und in jüngster Zeit bezeichnet Chai-
rou in seinen „Etudes cliniques sur l'hysterie" alle chronischen Affectionen, welche Unregelmässigkeiten der Menstruation
herbeiführen als praedisponirende Ursachen der Hysterie einer, wie
er glaubt auf Congestionen der Ovarien basirenden Erkrankung,
welche sich durch somatische, wie psychische Krankheitserscheinungen manifestire. Es ist darum auch leicht erklärlich, dass zur
Zeit der Menopause, wo so gewaltige Veränderungen in den Sexualorganen und ihren Functionen vorgehen, auch eine von dem Wal-
ten der Geschlechtsorgane so abhängige Krankheit, wie die Hysterie
nicht zu den seltenen Erscheinungen gehört.

Die Hysterie verläugnet auch in diesem Alter der Frauen nicht
ihren vielgestaltigen, welselvollen Charakter, dessen hervorstechend-
ste Züge im Allgemeinen: krampfhafte Bewegungen in den sowohl
von cerebrospinalen als sympathischen Fasern versorgten Muskeln,
Hyperästhesien der mannichfachsten Art, Vorwalten grosser Reflexerregbarkeit, reizbare körperliche und psychische Schwäche.

Von Reflexerscheinungen in der organischen Sphäre ist eine
häufig bei hysterischen Frauen des klimakterischen Alters bemerkbare, dass durch Berührung und Reibung der Haut Gaser-
zeugung und Entleerung in den Unterleibsorganen erfolgt. Schon
Rudolphi erzählt „von einem ältlichen Frauenzimmer, das immer
von Zeit zu Zeit Blähungen aufstiess, allein wenn sie mit einem
Finger gleichviel gegen welchen Theil des Leibes drückte, so
gingen sie in ununterbrochener Folge auf das schnellste ab."

Die Häufigkeit der eben angegebenen verschiedenartigen
nervösen Störungen ist im klimakterischen Alter eine so bedeutende,
dass wir wohl sagen, mehr als 9 Zehntel der Frauen dieses Alters
bieten derartige pathologische Symptome. Unter unseren 500 Beobachtungsfällen waren mehr als 400, welche nervöse Erscheinungen zeigten.

Selbst Raciborski, welcher bekanntlich die Gefahren des klimakterischen Alters für die Gesundheit des Weibes in ganz positiver Weise leugnet, gesteht doch betreffs des Nervensystems zu, dass in diesem Alter eine ganz hervorragende Neigung zu nervösen Zufällen bestehe.

Es sind selbstverständlich die Frauen der besseren Stände, welche ein bewegtes, vielfachen Erregungen ausgesetztes Leben führen, die diese krankhaften Symptome bieten. Doch werden diese auch bei Frauen niederer Stände, ja selbst, wenn auch in geringerer Häufigkeit bei Frauen am Lande beobachtet.

„Es ist unmöglich, sagt Raciborski, eine genaue Beschreibung aller Symptome dieser Neuropathie des klimakterischen Alters zu geben. Ihre Veränderlichkeit und ihr steter Wechsel eignen sich wenig für eine genaue Beschreibung. Im Allgemeinen kann man sagen, dass Gemüthsaffectionen vorherrschen mit Hinneigung zur Hypochondrie und Melancholie. Es scheint vorzüglich das Ganglien-Nervensystem ergriffen zu sein, voran sich aber später auch das Central-Nervensystem des Gehirn- und Rückenmarks betheiligen. An den Nerven liegt es, wenn solche Frauen so häufig über Angstgefühl, Herzklopfen klagen, ohne dass sich objectiv etwas Abnormes im Herzen und in den grossen Gefässen nachweisen lässt. — Ebenso, dass so häufig über das Gefühl von Hitze, Schwäche, Abgeschlagensein geklagt wird, oder dass bei geringen Veranlassungen Ohnmachten eintreten. Oft klagen die Frauen über Schmerzen in den verschiedensten Körpertheilen, oder über eigenthümliche unangenehme Gefühle. Die Fantasie ist sehr leicht erregbar und vergrössert die vorhandenen Leiden. So klagen solche Patientinnen oft über Geschwülste, Anschwellungen, die objectiv gar nicht nachzuweisen sind." — Raciborsky betont als Ursache der Neuropathien des klimakterischen Alters die Anämie, welche bei diesen Frauen, trotz ihrer scheinbaren Stärke und Fettleibigkeit vorhanden sein soll. Er vergleicht diesen Zustand mit der Chlorose der jungen Mädchen im Entwicklungsalter.

Ein ziemlich häufiges Product der erregten Fantasie ist bei klimakterischen Frauen ihr Lieblingswahn, schwanger zu sein. Allerdings ist hiebei nicht zu übersehen, dass die Auftreibung des Unterleibes, welche bei den Frauen um diese Zeit oft eintritt, in Verbindung mit dem unerwarteten Ausbleiben der Menses und der durch Fettablagerung verursachten Vergrösserung der Brüste nicht

selten objectiv Schwangerschaft vorspiegelt. Die Täuschung ist um
so leichter, als die Brüste sogar zuweilen eine seröse Flüssigkeit
secerniren, Kreuzschmerzen nicht selten sind und peristaltische für
Kindesbewegungen angesehen werden. Solche Fälle, in denen alle
äusseren Erscheinungen einer Schwangerschaft vorhanden sind, und
speziell die Frauen selbst sich aus ihrer Täuschung nicht reissen
lassen wollen, während es Fälle von klimakterischer Menopause
sind, finden wir schon in den ältesten Schriften. Ein derartiger
Fall aus unserer Praxis ist folgender:

Frau P. aus Bukarest, 40 Jahre alt, seit dem 13. Lebensjahre
verheirathet, steril, hat in der letzten Zeit an Körperumfang zugenommen. Die Menstruation trat spärlich auf und ist nun seit
2 Monaten ganz ausgeblieben. Nebenbei traten dyspeptische Erscheinungen auf, des Morgens Uebligkeiten, der Apetit wurde geringer, die Defäcation unregelmässig. Die auffallende Zunahme des
Unterleibes durch die Fettansammlung, das Ausbleiben der Menses
und die dyspeptischen Symptome veranlassten mehrere Aerzte auf
die freudige Annahme der Frau, dass sie schwanger sei, ein-
zugehen. Erst als die Geburt durchaus nachdem die angebliche
Schwangerschaftszeit längst überschritten war, nicht zu Stande kam,
wurde die Täuschung als solche erkannt. Bei der Untersuchung
der Sexualorgane fanden wir den Uterus klein (infantilen Uterus)
sonst nichts Abnormes. Aehnliche Fälle sind von Mauriceau, Brierre
de Boismont, Moser u. m. A. mitgetheilt.

Marion Sims charakterisirt solche Fälle ganz gut in folgender Weise: In den Geschlechtsfunctionen eines 40 Jahre alten oder
noch älteren Weibes treten Unregelmässigkeiten auf, sie hält sich
für schwanger und fühlt später auch Kindesbewegungen. Sie beginnt Kinderzeug zu nähen, macht ihren intimen Freundinnen Mittheilung von den interessanten Umständen, in denen sie sich befindet; sie wird allmälig stärker und endlich ist die Zeit der Entbindung da; zwar hat sie nicht denselben Umfang, den sie in ihren
Schwangerschaften hatte, allein ein Irrthum ist unmöglich, denn
die häufigen Kindesbewegungen sind zu deutliche Beweise dafür,
dass sie sich in keinen anderen als interessanten Umständen befinden kann. Endlich geräth sie darüber in Unruhe, dass sich die
Geburt so lange verschiebt und sendet nach ihrem Arzte. Dieser
findet allerdings den Bauch vergrössert, aber diese Vergrösserung
findet in dem Fettpolster, das sich in den Bauchwandungen gebil-

det, ihre Erklärung. Er geht mit den Fingern in die Scheide ein
und findet den Uterus in einem nicht schwangeren Zustande. Ja
die Gebärmutter mag kleiner geworden sein, denn der Hals ist
vielleicht atrophirt, da das Organ bereits jene Veränderung eingegangen ist, welche wir in der Zeit des klimakterischen Wechsels
stets anzutreffen pflegen.

Ich habe, sagt M. Sims, mehrere Fälle derartiger falscher
Schwangerschaften beobachtet, doch habe ich sie nie bei einer Frau
unter 38 oder über 48 gesehen. Sie hatten bereits Alle geboren
und Alle hatten eine Anlage zum Embonpoint. Alle waren gebildete, geistreiche Frauen von gesundem Verstande und die Ueberzeugung, dass sie schwanger seien, hatte sich so sehr bei ihnen
befestigt, dass es unmöglich war, sie vom Gegentheil zu überzeu-
gen. Zwei dieser Damen kamen mehrmals im Verlaufe eines Jahres
und behaupteten fest, dass ich im Irrthum sei.

Tilt erzählt folgenden Fall: Vor einigen Jahren wurden wir
von einer 48jährigen Dame consultirt, welche in ihrem 25. Jahre
sich verlobte, aber in Folge von Familienverhältnissen die Ehe
nicht schliessen konnte. Die Liebenden blieben sich treu, bis die
Verhältnisse die Vereinigung gestatteten; in ihrem 45. Jahre fand
die Verheirathung statt. Die Periode war bis dahin bezüglich der
Zeit, Quantität und Symptome ganz regelmässig gewesen, hörte
nun aber vollständig auf. Da diese plötzliche Cessation mit ga-
strischen Leiden zusammentraf und von einiger Ausdehnung des
Unterleibes begleitet war und vor Allem, da die Frau sehnlichst
sich noch Kinder wünschte, so hielt sie sich für schwanger und
wartete mit grosser Vorsicht mehrere Monate. Sie kam zu einer
ärztlichen Berathung und nach genauer Untersuchung mussten wir
unsere Ueberzeugung aussprechen, dass sie vollkommen gesund sei,
dass aber bei ihr die Menstruation aufgehört habe.—

Es sei hier bei dieser Gelegenheit erwähnt, dass der Arzt bei
Frauen des klimakterischen Alters zuweilen den entgegengesetzten Fehler begeht und eine vorhandene Gravidität, welche
allerdings in diesen Jahren nicht viel Wahrscheinlichkeit für sich
hat, übersieht.

Ein Fall unserer Beobachtung möge hier als warnendes Beispiel dienen. Eine Frau von 42 Jahren, seit 13 Jahren verheirathet, kinderlos, litt in Folge ihres zunehmenden Embonpoints seit
längerer Zeit an Unregelmässigkeiten der Menstruation, welche in

den letzten Monaten ganz fortgeblieben war. Die Dame consultirte,
da sie über verschiedene Beschwerden, Kreuzschmerzen, Digestions-
störungen u. s. w. klagte, einen Gynäkologen. Dieser, von der
Voraussetzung ausgehend, es sei bereits klimakterische Cessation
der Menses vorhanden, führte behufs näherer Untersuchung die
Uterussonde ein und brachte zum Entsetzen der Dame und zu seinem eigenen Schrecken, hiedurch einen Abortus zu Stande.
Tilt theilt auch einen ähnlichen Fall mit, wo bei einer Dame,
die 12 Jahre verheirathet war und keine Kinder geboren hatte,
im 48. Jahre die Menses plötzlich cessirten. Sie selbst hielt sich
für schwanger. Ein sehr ausgezeichneter Arzt in ihrer Gegend
wollte sie überreden, weil sie so lange Zeit unfruchtbar gewesen,
schon im vorgerückten Alter sich befinde und sehr abgemagert sei,
sie litte an einer Geschwulst des Eierstockes. In London consultirte sie einen der bewährtesten Geburtshelfer und da dieser die
obige Diagnose bestätigte, so ward eine Bandage angelegt und Mer-
curialeinreibungen in den Unterleib gemacht; neun Monate später
gebar sie ein todtes Kind.

Psychische Leiden.

Kein praktischer Arzt wird wohl den mächtigen Einfluss läng-
nen, den das Geschlechtsleben des Weibes auf die Geistesthä-
tigkeit überhaupt ausübt, und sich verhehlen, dass Störungen in
der Menstruation und der sexualen Thätigkeit ihren Reflex auf die
seelischen Zustände der Frau ausüben. Diese causalen Beziehungen zwischen sexuellen und psychischen Erkrankungen sind
schon lange bekannt und jüngstens erst von Chairon, Storer,
L. Mayer u. A. wissenschaftlich erörtert worden.

Der Versuch, das Wesen dieser Beziehungen zu ergründen,
scheitert, wie L. Mayer richtig bemerkt, an der, für diesen Zweck
unzureichenden physiologischen Kenntniss der Lebensvorgänge jener,
den Zusammenhang zwischen Seele und Körper vermittelnden Organe, der Nervenapparate, vor Allem aber an der Unmöglichkeit,
die Seelensubstanz selbst zu begreifen und ihren Zusammenhang
mit dem Körper zu verstehen. Nur die Aeusserungen seelischen
Seins und Lebens erfassen wir und ihre Abweichungen vom Gesunden.

Wenn nun schon Anomalien der Menstruation überhaupt einen

krankmachenden Einfluss auf den Geisteszustand der Frau üben, so ist dies um so mehr von der Cessation der Menses mit ihrem mächtigen, grossartigen Umsturze im ganzen Organismus der Fall. Diese krankmachende Einwirkung erfolgt auf somatischem wie auf psychischem Wege. Auf somatischem Gebiete spielen die im klimakterischen Alter gewöhnlichen Blutstockungen mit den bedeutenden Congestivzuständen gegen das Centralnervensystem eine wesentliche Rolle. Die congestive Hyperämie des Gehirnes kann gewiss zu Störungen des Seelenorganes Veranlassung geben, welche sich in mehr oder minder intensiver Weise kund geben. Es lässt sich aber auch eine Einwirkung der veränderten Blutmischung auf das Gehirn annehmen.

Der Einwirkungen auf psychischem Gebiete gibt es gar viele. Vor Allem ist ein mächtig eingreifendes psychisches Moment der Gedanke, nun die Jugend und ihre Freuden verloren zu haben, der Attribute der Weiblichkeit verlustig zu sein, die Fortpflanzungsfähigkeit eingebüsst zu haben. Die lebhafte Idee der unwiederbringlich verflossenen schönen Vergangenheit, der liebenden und geliebten Frauenzeit vermag das denkende und fühlende Weib tief zu ergreifen und sein Gemüth heftig zu erschüttern. Es gibt wohl kein charakteristischeres Kennzeichen dieser Gefühle, um die Zeit der Menopause als die Aeusserung jener Französin „Autrefois quand j'étais femme“.

Aber auch die Furcht der Frauen spielt hier eine grosse Rolle, die Furcht vor der schweren „kritischen Zeit“, vor weiteren bösen Folgen des Ausbleibens der Periode, vor Entstehen von Krebs der Brust und Gebärmutter u. s. w.

Leicht begreiflich ist es, dass die psychischen Störungen in der klimakterischen Zeit um so eher bei Frauen eintreten, deren Nervensystem stets sehr erregbar und reizbar gewesen und deren Seelenzustände ohnedies sich in exalterirtem Zustande befinden. Ebenso finden die psychischen Störungen eher bei Frauen statt, bei denen die Menopause ganz plötzlich (sei es durch äussere schädliche Einflüsse oder durch schwere Krankheiten) eintrat, als bei Solchen, bei denen die Cessation allmälig ohne besondere stürmische Erscheinungen im Organismus erfolgt.

Die psychischen Störungen des klimakterischen Alters haben nach unserer Ansicht keinen besonderen spezifischen Charakter, wie dies Tilt annimmt, sondern den gewöhnlichen anderer Geisteserkrankungen. Nur sind die furibunden, maniakalischen Formen seltener, sondern die meisten hier beobachteten Alienationen der Psyche geben das Bild der Depression, tiefer Gemüthsverstimmung, trauriger negativer Affecte: der Melancholie und Hypochondrie. Es sind meist leichtere Zustände, Anfangsstadien geistiger Erkrankung, welche den Keim zu weiterem schwerem Irresein in sich tragen.

In den leichtesten Graden bleibt anfänglich das Wollen und Vorstellungsvermögen intakt, abgesehen von dem Vorstellen und Urtheilen, welches sich in der Hypochondrie auf das körperliche Leiden bezieht. Alsbald entwickeln sich aus der Hypochondrie, wie aus der objectlosen Gefühlsbelästigung, aus dem dunklen Hinbrüten der Melancholie, der namenlosen Angst derselben, Anomalien der Selbstempfindung der motorischen Seite des Seelenlebens, Beeinträchtigungen und krankhafte Richtungen des Vorstellens und Urtheilens, Unentschlossenheit, Muthlosigkeit, Willensschwäche, Unruhe, Trieb umherzulaufen, hastigen Arbeitens und Schaffens, immer neue Beschäftigungen in ungeregelter Weise vorzunehmen, Geschwätzigkeit, Rastlosigkeit, Delirien der eigenen Schlechtigkeit der Unbrauchbarkeit, krankhafte Triebe (Selbstmord und Mordtrieb u. s. w.) treten immer mächtiger hervor.

Anomalien des Denkens (fixe Ideen) erscheinen sehr häufig, seltener als diese, doch häufig genug Monotonie des Denkens, Anomalien des Gedanken-Inhaltes (Hallucinationen und Illusionen, Delirien des. Beherrscht- und Ueberwältigtwerdens, des Verfolgt- und und Besessenseins (in den leichteren Graden als innerer Widerspruch, namentlich des Hörens einer fremden Stimme). Tobsucht bricht nicht selten im Verlaufe der Melancholie plötzlich hervor, entweder vorübergehend oder in stetem Wechsel mit melancholischen Delirien. (L. Mayer).

Manie wird durch die Menopause seltener veranlasst, am ehesten dann, wenn das Aufhören der Menstruation in ganz plötzlicher Weise erfolgte. Hiebei manifestirt sich das anomal gesteigerte, aus krankhaft erhöhter Selbstempfindung hervorgehende Wollen, das Bedürfniss, Kraft zu äussern, in den Ausbrüchen höchster Aufgeregtheit (Schreien, Lärmen, Umsichschlagen, Beissen, Kratzen, Wüthen etc.) Es zeigt sich ferner in völliger Gleichgiltigkeit gegen alle Aussendinge, ausgenommen diejenigen, welche in bestimmter Weise dem exaltirten Wollen entgegenwirken. Sie steigt bis zur Rücksichtslosigkeit, Vernachlässigung aller Form und Sitte, jeglichen Schamgefühles. Es treten endlich besondere Triebe hervor: Mord- und Selbstmordtrieb und Nymphomanie sind die gewöhnlichen. Die von verschiedenen Seiten als Folge unterdrückter Menstruation angegebene Pyromanie ist nach Mayer jedenfalls selten. Das Vorkommen von Geisteskrankheiten im klimakterischen Alter ist ziemlich häufig, wie dies schon das französische Sprüchwort zeigt: „Ce diable de quarante ans si habille à tourmenter les femmes".

Damerow hat bereits (Zeitung des Vereins für Heilkunde in Preussen 1837) in seinem Berichte über die Irrenanstalt der Provinz Sachsen einige auf die Vergleichung der Frequenz der Geisteskrankheiten bei Männern und Frauen verschiedenen Alters bezügliche Daten gegeben. Es wurden daselbst aufgenommen im Alter bis zum 15. Jahre 85 männliche und 57 weibliche Individuen, vom 15. bis zum 30. Jahre 286 männliche und 212 weibliche, vom 30. bis zum 45. Jahre 289 männliche und 226 weibliche, und über 60 Jahre 45 männliche und 56 weibliche. So stellt sich das Verhältniss der geisteskranken Weiber zu den Männern mit dem Steigen der Jahre immer ungünstiger und kehrt sich sogar im höchsten Alter gänzlich um.

Am häufigsten wollen ältere Autoren beobachtet haben, dass unverheirathete und keusch lebende Frauenzimmer im höheren Alter wahnsinnig werden, was nach Busch theils in somatischen, theils in rein psychischen Ursachen begründet ist. Was die ersteren betrifft, so habe die Enthaltsamkeit stets einen anomalen Zustand der Geschlechtsorgane zur Folge, der dann vorzugsweise seinen schädlichen Einfluss in den Uebergangsperioden kund gibt, in welchen fast immer eine Aufregung zugegen ist, die sich in den Erscheinungen der Decrepidität nicht leicht verkennen lässt; es ist dann auch eine anomale Rückwirkung dieser örtlichen Vorgänge auf den Gesammtorganismus zu erwarten. Was die psychischen Ursache betrifft, so trete in dem Alter der Decrepidität die Idee des verfehlten Lebens bei Unverehelichten am kräftigsten hervor, woraus sich eine innere Unzufriedenheit, ein Lebensüberdruss, der in Melancholie übergeht, bildet. Frauen, welche eine ausschweifende Lebensweise geführt haben, werden im Alter viel seltener wahnsinnig, als alte Jungfern.

Tilt fand unter 500 Frauen des klimakterischen Alters 16 an Geisteskrankheiten leidend. Er unterscheidet folgende Formen von „klimakterischen Geisteskrankheiten" (climacteric insanity): I. De-

lirium, II. Mania, III. Hypochondriasis oder Melancholia und IV.
unwiderstehliche Triebe und Perversion der moralischen Instinkte.

Brierre de Boismont, welcher vier Fälle von Delirium
zur Pubertätszeit beobachtet, hat bei ihnen in gleicher Weise tran-
sitorische Anfälle zur Zeit des klimakterischen Wechsels gesehen.

Dusourd und Tyler Smith haben Fälle von Manie im klimakterischen Alter beobachtet und Brierre de Boismont hat
einen Fall mässiger Dementia gesehen, welcher sich in dieser Epoche
in furiose Manie umwandelte. Umgekehrt soll bei maniakalischen
Frauen, wenn die Cessation der Menses erfolgt, sich ihr Zustand
zu einer ruhigen Form von Dementia umgestalten.

Gardanne, Dubois d'Amiens haben zur Zeit der Menopause oft Hypochondriasis entstehen gesehen und betonen, dass
diese von Suffucationsanfällen, Gefühl von Strangulation und Neuralgien begleitet ist. Chambon hat in gleicher Weise die Häufigkeit von Hypochondriasis in dieser Lebensepoche verzeichnet und
glaubt, dass besonders Frauen biliösen Temperamentes dazu ge-
neigt seien.

Brierre de Boismont hatte in einem Jahre 8 Patienten, bei
denen sich die Menopause als veranlassendes Moment von Geisteskrankheiten nachweisen liess. Er äussert sich über die Beziehungen
zwischen Menopause und Geistesstörung (An. med.-psychol. 1851)
folgendermassen: Die Annäherung des Alters, die Zeitperiode, welche
es umfasst, das völlige Aufhören des Monatsflusses sind oft der
Ausgangspunkt der Geistesstörung. Wenn die physiologische Re-
vulsion auf die Genitalorgane aufhört, der natürliche Ausscheidungs-
process erlischt, so entsteht eine vorübergehende Plethora, oder, ist das
Gehirn empfindlicher, oft durch Eindrücke erregt worden, so werden
die dann gewöhnlich so häufigen moralischen Ursachen stark auf
dasselbe zurückwirken und Delirium erzeugen. In einem Falle scheinen organische Leiden des Uterus sich in Beziehung zur Geistesstörung zu befinden und zwar bei einer 42 jährigen Dame, welche immer
regelmässig menstruirt, erst seit 2 Jahren Unordnung hierin erfahren hatte und bei welcher Anfangs Bizarrerien, sodann aber tob-
süchtiges Delirium auftrat. Nach 3 monatlicher Krankheit erfolgte
der Tod. Die Section zeigte putride Erweichung der inneren Oberfläche der Gebärmutter. Die kritische Epoche kann auch die Symptome der Geistesstörung vortheilhaft modificiren, mehrere Male
wurden Verminderung derselben beobachtet und es erfolgte Ruhe

auf die Aufregung und Wuth. Für manche Frauen bildet sogar diese Zeit den Anfang der Befreiung von allen ihren Leiden, sie fangen gewissermassen eine neue Existenz an. Wenn aber die Menopause in einzelnen Fällen einen günstigen Einfluss auf die Geisteskrankheiten auszuüben scheint, entweder indem sie die Kranken zur Vernunft bringt, oder wenigstens ihre Aufregung beruhigt, so sieht man im Gegentheile in der Mehrzahl der Fälle sich dann eine Vermehrung der Symptome kund geben. Frauen, welche während einer langen Reihe von Jahren tobsüchtig waren, verfallen dann schnell in Dementia.

Alle Aerzte haben, wie Brierre meint, Facta beobachtet, welche den mächtigen Einfluss des Aufhörens des Menstruationsflusses auf die Rückkehr alter Leiden darthun. In Bezug auf Geisteskrankheiten ist dieser Einfluss auch hier nachgewiesen worden. Es ist demnach von der höchsten Wichtigkeit, dann gegen das Wiedererscheinen solcher alter Uebel auf der Huth zu sein.

Tilt gibt auf Grundlage der in Bethlem Hospital vom Januar 1845 bis December 1853 aufgenommenen Fälle folgende Tabelle über Häufigkeit der Geisteskrankheiten in den verschiedenen Lebensaltern der Frauen.

Lebensperiode	Zahl der Fälle
Unter 15 Jahren	9
Von 15—20 Jahren	61
„ 20—25 „	216
„ 25—30 „	223
„ 30—35 „	217
„ 35—40 „	218
„ 40—45 „	162
„ 45—50 „	153
„ 50—55 „	122
„ 55—60 „	57
„ 60—65 „	55
„ 65—70 „	27

Aus dieser Tabelle ist ersichtlich, dass unter 1320 Fällen von geisteskranken Frauen 437 in dem Alter zwischen 40 und 55 Jahren, wo die Menopause gewöhnlich einzutreten pflegt und dass nach dieser Zeit die Zahl in auffälliger Weise abnimmt.

Storer (in seiner Insanity of Women) weist gleichfalls den

Störungen der Menstruation einen hervorragenden Platz unter den Ursachen psychischer Erkrankung des Weibes zu.

Esquirol berechnete, dass unter 198 Selbstmörderinnen die meisten (77) im Alter zwischen 40 und 50 Jahren waren und 23 zwischen dem 50. und 70. Lebensjahre. Von 235 Frauen, die an Idiotismus litten, waren die meisten im klimakterischen Alter zur Behandlung gekommen. Es konnte unter diesen Fällen 35mal das Klimakterium als veranlassendes Moment des Entstehens des Blödsinnes und ferner 40mal als Ursache der Melancholie nachgewiesen werden.

Derselbe Autor gibt (in den Annales d'hygiene publique 1830) folgende Daten über das Verhältniss der weiblichen Geisteskranken in den verschiedenen Lebensaltern:

Im Alter waren in Paris, in Norwegen

unter	20 Jahren	348	„	141
„	20—25 „	563	„	83
„	25—30 „	727	„	88
„	30—40 „	1607	„	173
„	40—50 „	1479	„	155
„	50—60 „ .	954	„	115
„	60 u. darüber	1035	„	140
		6713	„	895

Zugleich berichtet Esquirol, dass er geisteskranke Frauen behandelte, die im Alter, als ihre Regeln schwanden, wieder genasen.

Vastel's statistische Berichte über das Irrenhaus zu Caen liefern in Bezug auf weibliche Irre folgende Tabelle:

Im Alter von	15—20 Jahren	waren	3 Frauen	
„ „ „	20—30 „	„	10	„
„ „ „	30—40 „	„	50	„
„ „ „	40—50 „	„	50	„
„ „ „	50—60 „	„	39	„
„ „ „	60—70 „	„	19	„
„ „ „	70—80 „	„	2	„
			179	„

Fuchs hat die Altersdaten von 26300 Irren zusammengestellt. Seine Tabelle auf 10000 reducirt gibt

Frauen und Männer

						Frauen		Männer
für das Alter vor dem 20.				Jahre		563	„	649
„	„	„	von 20—30	Jahren		1895	„	2132
„	„	„	„ 30—40	„		2557	„	2614
„	„	„	„ 40—50	„		2180	„	2080
„	„	„	„ 50—60	„		1362	„	1247
„	„	„	über 60	„		1443	„	1278

Auffallend ist bei diesen Ziffern, dass die weiblichen Irren im Verhältnisse zu den männlichen gerade im Alter zwischen 40 und 60 Jahren in grösserer Zahl vertreten sind.

Guislain führt an, dass das kritische Alter der Frau in manchen Fällen der spontane Erzeuger von Geisteskrankheiten sei, besonders der Melancholie und Hypochondrie, dass es aber auch vorkomme, dass bei irren alten Mädchen nach dem kritischen Alter der Zustand sich bessere.

Griesinger (Pathologie und Therapie der psychischen Krankheiten, Braunschweig 1871) sagt über das in Rede stehende Thema: Die Zeit der aufhörenden Menses übt zuweilen einen sehr bessernden, selbst hie und da heilenden Einfluss auf die bestehenden psychischen Krankheiten aus, öfter noch verschlimmernden, so dass die bisher mehr wandelbaren und irritativen Formen fix werden und in Verrücktheit und Blödsinn übergehen. Auch die erst in dieser Lebenszeit sich entwickelnden Fälle, häufig Melancholie, haben einen meist ungünstigen Charakter.

Zeller betont, dass für das weibliche Geschlecht „die welkende Blüthe und die mit ihr schwindende Hoffnung auf Lebensglück" an der grösseren Zahl der Geisteserkrankungen gegen das 40. Jahr Schuld trage.

Die aus Parchappe's Schätzung resultirende Mehrheit der psychischen Erkrankungen des Weibes im Alter zwischen 40 und 50 Jahren bringt derselbe mit der Vorgängen der Involution in Verbindung.

Sehr lehrreich und für die Häufigkeit der Geisteserkrankungen im klimakterischen Alter deutlich sprechend ist folgende Tabelle, welche der Irrenstatistik Würtemberg's 1853 entnommen ist. Diese Tabelle zeigt aber auch, dass die Formen von Trübsinn, Wahnsinn und Blödsinn bei Frauen dieses Alters, die von Tobsucht überwiegen.

Es waren von je 100 Kranken

im Alter von	von 100 Trüb- sinnigen		von 100 Tob- süchtigen		von 100 Wahn- sinnigen		von 100 blöd- sinnig Ge- wordenen	
	männl.	weibl.	männl.	weibl.	männl.	weibl.	männl.	weibl.
6—14 Jahren	—	0,26	—	—	1,04	0,75	0,96	3,01
14—20 „	1,08	1,02	2,1	5,8	1,04	1,7	3,3	4,2
20—30 „	19,8	12,9	24,4	17,4	12,5	10,7	15,8	10,8
30—40 „	18,2	19,5	28,7	26,7	22,4	18,5	20,1	15,0
40—50 „	22,0	26,6	24,4	13,9	27,6	30,0	30,7	30,7
50—60 „	23,1	21,3	11,7	17,4	20,3	21,3	12,5	13,2
60—70 „	9,6	15,4	8,5	12,7	10,6	12,7	9,6	16,2
70 u. darüber	5,9	2,7	—	5,8	4,4	4,02	6,7	6,6

Schlager (Allg. Zeitschr. für Psychiatrie XV. Bd.) bezeichnet das Klimakterium als höchst bedeutungsvoll für die Entwickelung
der psychischen Störungen beim weiblichen Geschlechte, selbst wenn
die Involution in der ganz normalen Altersperiode eintritt. Es
sind ihm 7 Fälle vorgekommen, in welchen die Entwickelung der
psychischen Störung mit der eintretenden Involution in abhängige
Beziehung gebracht werden musste. Bezüglich der Form der
psychischen Störung waren es durchgängig Fälle von Melancholie,
charakterisirt durch die Erscheinungen sogenannten Verfolgungs-
wahnes in Folge heftiger Angstgefühle. In 2 Fällen traten dann
weiterhin die Erscheinungen sexueller Aufregung hinzu. Es erscheint beachtenswerth, dass bei diesen Kranken durchgehends die
heftigsten Angstgefühle und sehr lebhafte Gehörshallucinationen
vortraten.

Der Entwickelungsgang der psychischen Störung liess sich bei
diesen Kranken in der Weise verfolgen, dass sich kurze Zeit nach
der beginnenden Involution, nachdem bereits bei allen Kranken
durch kürzere oder längere Zeit die Menstruen unregelmässig zu
werden anfingen, bei einzelnen dieselben ziemlich profus erfolgten,
ein Zustand von Verstimmung vortrat, anfänglich wenig beachtet,
weiterhin sich äussernd in Form gesteigerter Reizbarkeit. Sie
nahmen Alles übel auf, wurden misstrauisch, launenhaft, verdriess-
lich, ängstlicher, supponirten bei den indifferentesten Vorkommnissen
von Seiten ihrer Umgebung eine schlechte böswillige Absicht,
klagten dabei über anhaltende Schlaflosigkeit, Herzklopfen, allerlei
unbestimmte Gefühle, Kopfschmerzen. Es traten mitunter Congestionen zum Kopfe vor, beängstigende Träume, bis sich zuletzt

die Verstimmung bis zu völligen Angstzufällen steigerte, und in
der hierdurch bedingten Aufregung 3 von diesen Kranken zu
Selbstmordversuchen sich getrieben fühlten.

Sechs von diesen Kranken waren in früherer Zeit geistesge-
sund, eine soll in ihrem 20. Jahre einen Anfall von Melancholie
gehabt haben, welcher Zustand ' etwa 6 Monate hindurch gedauert
hat, bei der jedoch späterhin keine weiteren Erscheinungen einer
psychischen Störung mehr vorkamen.

Schlager führt weiters an, dass unter 22 Fällen, in denen
Frauen theils Selbstmorde versuchten, theils wirklich vollführten,
11 mal die Vollführung in der Epoche des Klimakteriums erfolgte,
bei allen diesen Kranken verschlimmerte sich im weiteren Verlaufe
der psychische Zustand und bei 4 trat in Folge der durch die
heftigsten Angstgefühle bedingten Erschöpfung der Tod ein. In
2 dieser Fälle entwickelte sich Daemonophobie.

Die wichtigste ätiologische Bedeutung hat nach demselben
Autor die rasch und gewaltsam erfolgte Suppression der Menses.
In Folge der nach solcher Suppression eintretenden Hirnhyperämien
äusserte sich die psychische Störung in der Mehrzahl der Fälle
unter der Form der Tobsucht, in einzelnen Fällen durch die Erscheinungen der Chorea und Catalepsie.

Ueber die psychischen Störungen im klimakterischen Alter äussert sich L. Mayer (Menstruation im Zusammenhange mit psychischen Störungen, Beiträge zur Geburtshilfe und Gynäkologie 1872)
in folgender prägnanter Weise: In der Involutionsepoche
des Weibes fällt der Einfluss des Unregelmässigwerdens und des
Aufhörens der Menstruation mit Gleichgewichtsschwankungen in
den Lebensäusserungen des gesammten Organismus zusammen,
welche sich selbst bei gesunden Individuen mit dem Zurücktreten
der geschlechtlichen Functionen im Klimakterium bekunden. Bestehen aber krankhafte Zustände und Vorgänge in der Circulation,
der Ernährung, den Nervenapparaten, in den Geschlechtstheilen
oder diesem oder jenem Organe, so wird ein krankmachender Einfluss der regelmässig auftretenden und schliesslich ganz verschwin-
denden Menstruation auf die Psyche um so leichter sein, weil sich
auch diese in einem gewissen Reizungszustande befindet, perverse
Richtungen der Gefühlssphäre, des Denkens und Wollens zu den
gewöhnlichen Erscheinungen in den klimakterischen Jahren gehören. Es kann unter solchen Umständen nicht auffallen, dass die

dem völligen Verschwinden der Menses häufig vorausgehenden
profusen Blutflüsse, wie anderseits das seltenere Auftreten bis zum
völligen Verschwinden der Menstruation Geisteskrankheiten hervorrufen, bestehende steigern. Daraus folgt aber nicht, dass das Klimakterium spezifische Geisteskrankheiten erzeuge. Es gibt kein
besonderes klimakterisches Irresein — die Beeinflussung
der Seele hat vielmehr hier keinen anderen Effekt, als den gestörter sexueller Functions- und krankhafter Zustände in den Sexualorganen überhaupt.

Anomalien der Menstruation nehmen aber, nach L. Mayer,
ihren krankmachenden Einfluss nach zwei verschiedenen Richtungen:
auf psychischem und somatischem Wege. Psychisch —
durch das Concentriren des Denkens, Wollens und Empfindens auf
die krankhaften Erscheinungen. Das Bewusstsein spielt hier die
Hauptrolle. Dann auf somatischem Wege. Nicht das Bewusstsein,
sondern das physische Leben vermittelt sie. Es treten hier Psyche,
pathologische Zustände und Vorgänge im Organismus, Krankheiten der Sexualorgane und gestörte Menstruation in Wechselwirkung und zwar in complicirter Weise.

Demselben Autor entnehmen wir folgende Krankengeschichten:
Hypochondrie in Folge eigenthümlicher Sensation, Furcht
wahnsinnig zu werden mit dem Eintritt der Menopause: Mit dem
Ausbleiben der Katamenien vor 8 Jahren fand sich bei der gegenwärtig 56jährigen Kaufmannswittwe B. aus Berlin ein eigenthümliches Gefühl im Leibe ein. Es war ihr, als wenn ein Topf mit
Wasser in demselben koche. Diese anomalen, keineswegs schmerzhaften Sensationen belästigten sie beständig und hatten „das Eigenthümliche, zischend und brausend von der Nabelgegend in den
Kopf zu steigen". Dann vergingen der Frau B. die Gedanken
und aller Lebensmuth, sie glaubte wahnsinnig werden zu müssen.
Nach längerem Bestehen dieser Symptome trat allmälig Gedächtniss-
und Schwäche im Denken hervor und zwar alles dies, wie sie
glaubte, in Folge mehr oder weniger willenlosen ausschliesslichen
Concentrirens ihrer geistigen Thätigkeit auf jene anomale Empfindung.

Bei der Untersuchung stellten sich als zu Grunde liegende
somatische Leiden, Unterleibsplethora heraus; schmerzhafte Anschwellung der Leber, Hyperämie der Sexualorgane, Catarrhus vaginae et vulvae. Unzweifelhaft bestand dasselbe schon lange vor
Eintritt der Menopause, hatte sich aber mit derselben gesteigert

und nun erst jenen Anomalien im Bereiche des Vagus und Sympathicus zum Ausgangspunkte gedient, welche wiederum in der Psyche die erwähnten anomalen Zustände auslösten. Frau B. hatte sich, wenigstens in den letzten 7 Jahren bis zum Klimakterium gesund gefühlt. In den Mädchenjahren hatte sie freilich häufig an Cardialgien gelitten, auch die Menstruation sehr spät, erst vom 20. Jahre an, dann aber regelmässig gehabt. In den ersten Jahren ihrer 20 jährigen Ehe brachte sie zwei todte Kinder zur Welt, lag Monate lang in den Wochenbetten schwer krank darnieder und konnte nach dem zweiten Puerperium lange Zeit nicht gehen. Sie erholte sich indess allmälig und erfreute sich dann, wie gesagt, sieben Jahre hindurch bis zum Klimakterium guter Gesundheit. Sie ertrug die angegebenen Leiden lange mit Resignation, bevor sie einen Arzt zu Rathe zog. Die Verordnungen bestanden in Evacuantia, Assa foetida und Nux vomica, Injectionen mit Zincum sulphuricum in die Vagina und Karlsbad. Dadurch besserten sich verhältnissmässig schnell die körperlichen Leiden und mit deren Beseitigung schnell auch die psychischen Alterationen.

Hypochondrie, Menses pauci und verfrühte Menopause, Metritis chronica; Retroflexion, Vagina duplex incompleta, Psychische Einflüsse: Ein 38 jähriges Mädchen consultirte mich wegen häufigen Erbrechens. Sie war abgemagert und anämisch, ihre Gesichtsfarbe bleich und fahl, ihre Körperhaltung gebeugt, ihr Wesen scheu und ängstlich. Sie litt seit etwa acht Jahren an hochgradiger Hypochondrie mit fixen Wahnideen und diese hatten ihren Ausgangspunkt und ihre fortgesetzte Nahrung in einer allmäligen Verminderung, selteneren Auftreten und schliesslich vollständigem Aufhören der Menstruation im 36. Jahre gefunden. Patientin, aus gut situirter Familie, höheren Standes, war als einziges Kind verzärtelt und verwöhnt, hatte später viele schwere Gemüthsbewegungen durchzukämpfen, ohne erheblich trotz ihres schwächlichen Körpers zu leiden. Sie war überhaupt nie bedeutender krank gewesen, auch regelmässig vom 13. Jahre an, ohne Schmerzen, mit vierwöchentlichem Typus, acht Tage lang, ziemlich profus menstruirt. Erst mit dem erwähnten Geringerwerden und Aussetzen des Menstrualflusses zeigten sich Kreuz- und Leibschmerzen, Herzklopfen, Appetitlosigkeit, Obstruction, gesteigerte nervöse Reizbarkeit und Depressionszustände. Die letzteren steigerten sich allmälig bis zu ausgesprochener Hypochondrie. Das häufigere Erbrechen, weshalb Patientin ärztlichen Rath suchte, fand sich seit etwa 2 Jahren.

Die Untersuchung ergab folgendes: Puls klein, frequent, Herz und Lungen gesund, Leib aufgetrieben, Hypogastrium beim Druck schmerzhaft; im unteren Theile der Vagina, vom Introitus einen halben Ctm. nach Aufwärts eine Scheidewand, unten einige Mm. dick, nach oben zu dünner. Ausserdem fand sich eine in den oberen Abschnitten normale Vagina, der Uterus sehr schmerzhaft, ersten Grades retroflectirt.

Durch Injectionen und Bäder, innere evacuirende, gleichzeitig roborirende, medicamentöse und diätetische Mittel wurde eine Beseitigung des Erbrechens und ein fast völliges Schwinden der übrigen Beschwerden herbeigeführt, gleichzeitig eine psychische Besserung erzielt. Die Menstruation kehrte nicht wieder.

Melancholia errabunda durch Menopause und psychische Einflüsse, Störungen in den Sexualorganen, Consensuelle Magenbeschwerden mit intermittirendem Typus, Heilung: Die sorgfältig erzogene, geistig frische, wohl unterrichtete Frau eines hohen Offiziers, von je her ruhigen Temperamentes, feinen, liebenswürdigen Wesens, war in den Kinder- und Mädchenjahren, auch in der Ehe im Ganzen körperlich gesund. Die Menstruation verlief vom 14. Jahre an regelmässig alle vier Wochen drei bis vier bis sechs Tage ohne Schmerzen. Einige Jahre vor dem ersten Erscheinen derselben plagten die Patientin halbseitige Kopfschmerzen und Prosopalgien. Sie heirathete im 22., gebar im 23., 25., 28., 29., und zuletzt 31. Lebensjahre leicht. Auch die Wochenbetten verliefen normal. Vier Wochen post partum fanden sich die Menses jedesmal regelmässig wieder; flossen auch beim Nähren des ersten Kindes. Die folgenden nährte Patientin nicht. Im 44. Jahre wurde die Menstruation unregelmässig und sistirte seit dem 45. Jahre. Sie war 57 Jahre alt, als ich sie kennen lernte, abgemagert, blass, von fahler Gesichtsfarbe, traurigen Gesichtsausdruckes, und schilderte unter beständigem Weinen ihre körperlichen und viel schwereren Gemüthsleiden. Seit dem Aufhören der Menstruation und schon einige Zeit vorher sei sie leidend, verstimmt, niedergedrückt; Zustände, welche sie früher nie gekannt. Vom 45. bis 51. Jahre habe sie an Stelle der Regeln mehr oder weniger heftige Cardialgien und Erbrechen in vierwöchentlichem Typus und mehrtägiger Dauer gehabt. Auch hartnäckige Obstructio alvi, nicht selten Strangurie, ferner Gefühl von Schwere, und beim Gehen Schmerzen im Leibe und den Schenkeln seien hervorgetreten. Vor Allem habe sich ihrer eine ganz unerklärliche, peinigende Angst bemächtigt, die schrecklichsten Gedanken seien ihr Tag und Nacht durch den Kopf gegangen, haben ihre nirgends Ruhe gegönnt, ihr den Schlaf geraubt, sie gegen Kinder und Mann und die ganze Welt gleichgiltig werden lassen. Sie habe einen Drang in sich gefühlt, sich durch Selbstmord von diesen Qualen zu befreien und nur ihr religiöses Gefühl hätte sie davon zurückgeschreckt. Diese körperlichen und psychischen Leiden quälten sie neun Jahre hindurch, dann aber seien sie sofort durch Application eines Mayer'schen Ringes ganz wesentlich gebessert. Leider habe sie in dem Gefühle wiederkehrender Gesundheit und in dem guten Glauben der Zuträglichkeit anstrengende Fusspartien in den Schweizer Bergen gemacht, und habe alsbald einen Rückschritt bemerkt. Dazu sei dann der schreckliche Krieg mit der Angst um Mann und Sohn gekommen — und nun sei sie seit Monaten übler daran, als je. Die Angst foltere sie bis zur Unerträglichkeit, auch die angegebenen Unterleibsbeschwerden seien lästiger, denn zuvor. Bei der Untersuchung fand sich eine bedeutende, schmerzhafte Leberanschwellung, Abdomen aufgetrieben, Uterus rechtwinkelig retroflectirt, Portio vaginalis nach links. Im Speculum granulirte, bei der Berührung blutende Erosionen. Durch sechsmalige Scarificationen, locale Anwendung von Tannin, später Argent. nitr. sowie von lauen Injectionen in die Vagina, bei innerem Gebrauche von Asa foetida und Nux vomica, kühlenden Evacuantien, Kräutersäften und Bromkali wurde in zehn Wochen fast völlige psychische und somatische Heilung erzielt, welche andauernd blieb. Das Klimakterium hatte hier bei einer anscheinend ganz gesunden Frau körperliche und psychische krankhafte Erscheinungen herbeigeführt, welche Jahr und Tag nach ihrem ersten Auftreten fast unverändert fortbestanden, durch Behandlung der sexuellen Störungen gebessert, durch körperliche Anstrengung und Gemüthsbewegung von Neuem hervorgerufen, abermals fast vollständig durch Hebung der krankhaften Zustände im Sexualsystem gehoben wurde.

VIII. Capitel.

Krankheiten der Digestionsorgane.

~~~~~~~~~~

Wir haben früher als ein charakteristisches Symptom der. Erkrankungen des klimakterischen Alters im Allgemeinen das der Blutstockung und Blutwallung angegeben. Die Blutstockungen geben sich nun in den Unterleibsorganen durch jene Erscheinungen kund, welche unter dem Collectivnamen der Plethora abdominalis bekannt sind.

Durch die Veränderungen in den Sexualorganen und begünstigt durch die sitzende Lebensweise, beschränkte Muskelthätigkeit und relativ ungenügende Respiration stellt sich ein Missverhältniss zwischen Herzkraft und Blutmenge heraus, wodurch Blutüberfüllung in demjenigen Theile des Gefässapparates veranlasst wird, in welchem die Widerstände am grössten sind. Es pflegt dies das Pfortadergebiet zu sein. Die Plethora abdominalis gibt sich durch die Erscheinungen chronischer Hyperämie in den meisten Unterleibsorganen kund, welche sich zuweilen zum Katarrh steigert: Hyperämie und Katarrh der Magen- und Darmschleimhaut, Leberhyperämie, Anschwellung der Milz, Hyperämie der Schleimhaut, der Harnblase, Blasenkatarrh etc. Im weiteren Verlaufe werden auch Circulationsstörungen in den übrigen Organen veranlasst. Es entstehen Lungenhyperämie und Bronchialkatarrh, Hyperämie in den Meningen, Blutüberfüllung der Chorioidalgefässe, Störungen in den Sinnesorganen sowie psychische Störungen, Melancholie und Hypochondrie. Diese Gruppe von Symptomen finden wir denn auch in den verschiedensten Combinationen bei klimakterischen Frauen zu Tage treten.

Vorzüglich sind es zwei Symptome im Gebiete der Unterleibsorgane, welche von alter Zeit als charakteristisch für die klimakterische Lebensperiode bezeichnet wurden, nämlich: Hämorrhoiden und Diarrhoe.

Die Bedeutung der Hämorrhoiden darf man jedoch nicht im Sinne der Alten nehmen, sondern muss sie selbstverständlich nur als Lokalleiden betrachten, als eine Blutüberfüllung der Hämorrhoidalvenen und hiedurch veranlasste Anschwellung ihrer submucösen Endzweige, welche sich als rundlich bläuliche elastische Knoten um den After und höher hinauf ins Rectum erstrecken und zu mannigfachen Beschwerden Veranlassung geben. Die Blutanhäufungen verursachen ein Gefühl von Jucken und Kitzeln am After, Schwere in der Kreuzbeingegend in Folge von Blutüberfüllung, zeitweilige Blutung mit den vorangehenden Symptomen der Blutwallung, oder auch Vergrösserung der Knoten, Einklemmung, Entzündung und verschiedenartigste Umbildung. Ebenso betrachten wir die Diarrhoen nur als Symptom der Abdominalstasen und der hiedurch veranlassten Stauungshyperämie.

Aeltere Autoren betrachten jedoch diese beiden Symptome als kritische Erscheinungen der Menopause, welche die Aufgabe haben, für die cessirenden Menses vicariirend einzutreten.

Es ist leicht-begreiflich, dass Hämorrhagien und Profluvien eine günstige Einwirkung auf die Blutstockung ausüben, indem sie eine Verminderung der aufgehäuften Blutmasse herbeiführen, den Theil entlasten und die Verhältnisse des Blutstromes reguliren. So wirkt eine hämorrhoidale Entleerung (ebenso wie Nasenbluten) und Diarrhoe zur klimakterischen Zeit, wo die Blutstockungen überwiegen, ganz günstig ein. Und darum ist es auch zu erklären, dass diese Hämorrhagien und Profluvien noch gegenwärtig als nothwendige, regelmässige und kritische Prozesse angesehen werden, welche auf diese Frauen einen speziellen salutären Einfluss üben.

Schon Hippocrates sagt in seinen Aphor. Sect. V: Mulieri menstruis deficientibus e naribus sanguinem fluere bonum und ebendaselbst: Mulieri menses decolores, neque secundum eadem (tempus et modum) semper prodeuntes, purgatione opus esse significant. Walther macht in Hufeland's Journal d. prakt. Heilkunde 1824 (Regulativ für die Praxis bei den Krankheiten des Weibes nach dem Aufhören der Menstruation überhaupt) auf die Wichtigkeit der im klimakterischen Alter bei Frauen vorkommenden Diarrhoen aufmerksam, und warnt, diese durch Medicamente zu unterdrücken. Allerdings sucht er die Erklärung in einer durch Ver-

lust der Menstruation eingetretenen Blutfülle, bei welcher die Blutentleerungen vicariirend auftreten. „Jede zur Zeit dieser Periode,
sagt er, eintretende Diarrhoe beruht selbst bei den gracilsten Frauen-
zimmern mehr oder weniger auf Blutüberfluss, der durch die deflo-
rirenden Uterinalgebilde nicht gehoben werden kann, und daher so
lange periodisch sich wieder erzeugt, bis sich das Leben des Weibes diesen angemessen gleichgestellt hat."

Zuweilen wird angegeben, dass diese Diarrhoen den periodischen Charakter an sich tragen und gleichsam vicariirend für die
Menses auftreten', wie dies ja auch während des Geschlechtslebens
des Weibes bei Amenorrhoe öfter stattfinden soll.

Nach Tilt kamen bei 12 pCt. aller ihm zur Beobachtung ge-
stellten (500) Frauen dieses Alters Diarrhoen vor und zwar seien
diese bei 4 pCt. regelmässig in monatlichen Perioden aufgetreten,
bei 8 pCt. in unregelmässigen Intervallen.

Brierre de Boismont, Gendrin, Portal legen diesen
Diarrhoen eine kritische Bedeutung bei, da sie für die betreffenden Frauen eine palliative Erleichterung der belästigenden Allge-
meinerscheinungen bewirken, und warnen vor Unterdrückung der
Diarrhoen im klimakterischen Alter.

Was die Ursache dieser Diarrhoen, welche während der Wechselzeit vorkommen, betrifft, so stellt Krieger die Vermuthung auf,
dass sie ebensowohl dem ungewöhnlich reichlichen Blutflusse nach
den Beckenorganen, wie einer vermehrten Gallenabsonderung ihren
Ursprung verdanken. Die Arteria iliaca versieht den inneren Sexual-
apparat und den unteren Theil des Darmes mit Blut, es ist daher
wohl verständlich, dass eine Congestion beider Theile Hand in
Hand gehen kann. In den Jahren des Wechsels, wo das zuge-
führte Blut' nicht mehr seinen regelmässigen Abfluss findet, wird
diese Congestion eine dauerndere sein, als in früheren Jahren, so
lange der Menstrualfluss ungestört stattfindet, und kann ebensowohl
im Darme eine übermässige Anfüllung der Gefässe bedingen wie
im Uterus und daher zu Darmblutungen oder Diarrhoe führen. Ob
hiebei noch ein anderes Agens in Wirksamkeit tritt, durch welches
die Sympathie zwischen dem Sexual- und Verdauungsapparate vermittelt wird, ob dieselbe vielleicht auf einer Reflexaktion beruht,
oder ob andere Nerveneinflüsse hiebei zur Geltung kommen, ist bei
dem heutigen Stande der Nervenpathologie noch nicht festzustellen.

Nach unseren Beobachtungen kommen übrigens die Diarrhoen im klimakterischen Alter nicht so häufig vor, wie das entgegengesetzte Symptom, die habituelle Constipation. Der Grund für diese liegt zumeist in der verminderten Energie der Darmmuskulatur. Seltener liegt den Constipationen ein mechanisches Moment zu Grunde. So erfährt das Rectum beim Prolapsus und anderen Lageveränderungen des Uterus, bei der Retroversion und Retroflexion, bei Tumoren des Uterus einen Druck, welcher die regelmässige Defäcation stört. Hypertrophie, Induration oder carcinomatöse Entartung des Cervix uteri geben gleichfalls die Veranlassung für erschwerte und schmerzhafte Defäcation ab.

Zuweilen ist die Constipation das Primäre und die Diarrhoe nur eine secundäre Erscheinung. Die angesammelten Fäcalmassen üben einen Reiz auf die Schleimhaut aus, welcher zu verstärkter wässerig schleimiger Secretion führt: die festen Massen werden verflüssigt, der Darm schlüpfrig gemacht und so die Verstopfung durch eine oft mehrtägige Diarrhoe beseitigt. Dies ist nach unserer Ansicht auch in vielen Fällen die Erklärung für das periodische Auftreten der „vicariirenden" Diarrhoe.

Ein sehr belästigendes, häufig auftretendes Symptom ist die starke Ansammlung von Gasen im Unterleibe, die zuweilen colossale Dimensionen annimmt, Respirationsbeschwerden und Herzklopfen veranlasst und nicht selten zu schweren diagnostischen Irrthümern Veranlassung gibt.

Ziemlich häufig kommen bei Frauen des klimakterischen Alters Störungen in der Excretion der Galle vor, welche sich durch Icterus mehr oder minder starken Grades, deutlichen Biliphacingehalt des Harnes, Mangel oder beträchtliche Verminderung desselben in den Faecalmassen kund gibt. Wir sehen diese Störungen gleichfalls als Folgen der Hyperämie im Gebiete der Pfortader an, — die Leberhyperämie verursacht Schwellung der Schleimhaut der Gallengänge und dadurch Stauung der Galle, Icterus — und können wir in den periodisch auftretenden icterischen Erscheinungen nichts „Vicariirendes" erblicken, wie solches von manchen Schriftstellern angenommen wird. Möglich, dass auch der Einfluss der Nerven auf die Gallenabsonderung, welchen Claude Bernard experimentell nachgewiesen hat, sich hier geltend macht.

Bennet und Aran haben auf das Vorkommen von Gallenstörungen zur Zeit der Menopause aufmerksam gemacht, welche sich durch Schmerzen und Coliken in der Lebergegend, von da gegen die Brust, die Brustdrüse und die rechte Schulter ausstrahlend bemerkbar machen. Galliges Erbrechen, biliöse Diarrhoe, grosse Sensibilität des Epigastriums und des rechten Hypochondrium, Volumsvergrösserung der Leber und Gallenblase werden als Symptome angeführt. Die Anfälle stellen sich um die Zeit des Menstruationseintrittes ein und sind von vorübergehendem Icterus begleitet. Bennet betrachtet diese Anfälle als rein sympathische Störungen im Digestionstrakte. Aran hingegen sieht darin wahre Gallenkoliken verursacht durch eine Gallenlithiase.

Henoch sagt über dieses Thema (Klinik der Unterleibskrankheiten Berlin 1852): Die Anschwellung der Leber kann sich sowohl bei naturgemässer Cessation der Regeln in den klimakterischen Jahren, als auch bei früher eintretenden Hemmungen dieser blutigen Secretion entwickeln und es liegt daher am nächsten, dieselben einer, von den Praktikern als vicariirend bezeichneten Hyperämie zuzuschreiben.

Frerichs erwähnt in seiner „Klinik der Leberkrankheiten Braunschweig 1858“ gleichfalls des in den klimakterischen Jahren vorkommenden Icterus. Er schreibt: „Während der klimakterischen Jahre beobachtet man beim Ausbleiben der Menses nicht selten Leberanschwellungen, welche jedes Mal, wenn die Uterinblutung in längeren Epochen wiederkehrt, verschwinden und sich auf diese Weise mehrfach wiederholen. . . Wesentliche Störungen der Nutrition der Leber als Folgen dieser Hyperämie sind, so viel mir bekannt ist, nicht beobachtet worden, es liegt jedoch auf der Hand, dass bereits bestehende Leberkrankheiten dadurch verschlimmert und in ihrem Verlaufe beschleunigt werden können.“

Dr. Butler Lane sagt: „Nichts ist gewöhnlicher als eine heftige Gallenstörung in der Cessationszeit, und wenn man die beträchtliche physiologische Umwälzung in Betracht zieht, welche zu jener Zeit in der Leberentwickelung vor sich geht, so kann dies auch nicht in Verwunderung setzen. Die Frauen klagen über einen bitteren klebrigen Geschmack, Brennen im Halse, Kopfschmerz in der Stirn, Uebelkeit und selbst Erbrechen, der Urin ist dunkel gefärbt, die Stuhlausleerungen haben eine gallige Färbung und sind mit Brennen und Stechen im Mastdarme verbunden, die Zunge ist belegt und die Haut im Allgemeinen zeigt ein galliges Aussehen.“

Sehr häufig sind im klimakterischen Alter die verschiedenartigsten Formen von Dyspepsien. Ein gewöhnlicher Typus ist

der, dass Appetit vorhanden, die Zunge rein ist, die Unterleibs-
functionen regelmässig von Statten gehen, aber die Verdauung des
Magens ist eine langsame, sie ist von Uebligkeit und Sensibilität
im Epigastrium begleitet, von dem Gefühle der Ausdehnung und
Auftreibung des Magens. Es entwickeln sich viele Gase, welche
sich mühsam den Ausweg nach Aussen schaffen und die Frauen
veranlassen alle Kleider sehr lose zu tragen, das Corset und die
Röcke nach dem Speisen gleich zu öffnen. Zuweilen ist dabei abnormes Hungergefühl nach der Mahlzeit vorhanden. Im Ganzen
fühlen sich die Kranken abgeschlagen, müde, zu keiner Arbeit auf-
gelegt und klagen über Kopfschmerz. In selteneren Fällen kömmt
es zu häufigen Brechen von wässeriger oder biliöser Flüssigkeit.

Tilt hat bei 500 Frauen des klimakterischen Alters folgende
Unterleibsleiden gefunden:

Geschwollene Hämorrhoidalknoten in	62	Fällen
Diarrhoe	60	„
Lange anhaltende Störung in der Gallensecretion	56	„
Hämorrhoidalblutungen	24	„
Darmblutungen	20	„
Icterus	6	„
Bluterbrechen	4	„
Monatliche Darmblutungen	2	„
Monatliche Hämorrhoidalblutung	1	„

IX. Capitel.

Krankheiten der Haut.

．．∿∿∿∿∿∿∿．．

Eine für das klimakterische Alter charakteristische Veränderung des Hautorganes besteht in der vermehrten Schweissabsonderung. Diese stärkere Secretion der Haut, die profusen Schweisse werden von älteren Autoren und auch noch neuestens dahin gedeutet, dass der Organismus bemüht sei, diejenigen Stoffe, die jetzt nicht mehr jeden Monat aus den Geschlechtsorganen entleert werden, durch andere Collatorien herauszuschaffen. Tilt, welcher bei 500 Frauen des klimakterischen Alters dieses Symptom in 277 Fällen beobachtete, weiss auch viel von dem heilsamen Erfolge dieser Schweisse zu berichten.

Wir hegen nicht diese Ansicht und können durchaus nicht in diesen Schweissen eine vicariirende Thätigkeit für die ausgebliebene Menstruation sehen, sondern betrachten sie als eines der vielen Symptome von Blutstockung, wie überhaupt ja jede Hyperämie vermehrte Transsudation und Secretion zu Stande bringt.

Ein anderes sehr häufig vorkommendes Symptom, das die Haut klimakterischer Frauen betrifft, ist der Ardor fugax, die fliegende Hitze, von welchem Symptome wir bereits bei den Nervenkrankheiten gesprochen haben. Fast alle Frauen klagen zur Zeit der Menopause über dieses Gefühl von Brühhitze, welches das Gesicht überfliegt, zuweilen auch Hals und Brust, dabei mit aufsteigender Röthe und zuweilen auch mit Ausbruch eines dünnen Schweisses verbunden ist. Es dauert diese Erscheinung gewöhnlich nur einige Minuten und verschwindet ebenso plötzlich, wie sie gekommen ist. Gewöhnlich ist damit auch ein aufgereizter psychischer Zustand, grosse Unruhe verbunden.

An diesen Ardor fugax schliessen sich die als Erythem und

R o s e o l a bezeichneten einfachen Röthungen der Haut an. Diese Hyperämien zeigen sich in Form grösserer und kleinerer, lebhaft gefärbter rother Flecke am häufigsten an den Seitenflächen des Halses, auf der Brust und im Gesichte vorzüglich im Augenblicke einer etwas heftigeren psychischen Aufregung. Sie erscheinen plötzlich, kommen gleichsam wie angeflogen und schwinden gewöhnlich nach einem Bestande von einigen Minuten.

Eine bei Frauen des klimakterischen Alters ziemlich häufig vorkommende und mit den sexuellen Vorgängen dieser Periode unläugbar in Causalnexus stehende Hautkrankheit ist die A c n e r o - s a c e a. Bei den leichteren Formen dieses Hautleidens besteht eine geringere oder stärkere Röthung der Haut der Nase, der Wange, der Stirne oder des Kinnes. Hiemit in Verbindung ist an den betreffenden, mehr gerötheten Stellen auch eine beträchtlichere Sebum-Aussonderung, so dass also jene Stellen einen Fettglanz darbieten. Dabei klagen die Kranken über ein Gefühl von Wärme an den afficirten Partien, das, wenn auch nicht ununterbrochen anhält, so doch mehremals des Tages, namentlich nach der Mahlzeit oder des Abends sich einstellt.

Bei höheren Graden des Leidens erscheint die Haut des ganzen Gesichtes von einer intensiveren Röthe bedeckt in der die abnormen Gefässverzweigungen schon mit unbewaffnetem Auge erkannt werden. In solchen Fällen variirt auch die Farbe des Roth zwischen einer helleren und dunkleren Tinte, je nachdem eine höhere oder niedere Temperatur auf die Haut einwirkt, oder je nachdem Morgens oder Abends, vor oder nach Tische eine solche Kranke besichtigt wird. Da zu solchen Fällen der Acne rosacea sich auch noch Entzündung der Talgdrüsen gesellt, so ist leicht begreiflich, dass eine solche Entstellung des Teints den Frauen nicht gleichgültig ist.

Es lässt sich nicht läugnen, sagt H e b r a (in seinem Handbuche der Hautkrankheiten, Erlangen 1850), dass Sebumansammlungen an der Haut des behaarten Kopfes, des Gesichtes, der Brust und des Rückens, sowie auch die Comedonenbildung und deren unausbleibliche Folge: Entwicklung der Acne häufig mit Unregelmässigkeiten der Menstruation auftreten. Und speziell bezüglich der Acne rosacea betont derselbe Autor, dass davon das weibliche Geschlecht zur Zeit der Pubertät einerseits und der klimakterischen Jahre anderseits betroffen wird.

Von dem im klimakterischen Alter häufig vorkommenden Prurigo und speziell Pruritus Vulvae et Vaginae war schon früher die Rede gewesen.

Manche Autoren wollen häufigeres Vorkommen des Erysipelas zur Zeit der Menopause beobachtet haben, so Gendrin, Gardanne, Tilt, und Tissot citirt einen Fall, wo Gesichtserysipel 15 Mal in den zwei ersten Jahren nach Cessation der Menses auftrat, minder häufig in den folgenden zwei Jahren und blos ein einziges Mal im fünften Jahre. Wilson hält Prurigo und Eczem für die im klimakterischen Alter am häufigsten vorkommenden Hautkrankheiten.

X. Capitel.

Gicht.

~~~~~~~~~~

Von anderen Krankheiten, deren häufiges Vorkommen im klimakterischen Alter auffällig und mit den Veränderungen in den
Sexualorganen in Zusammenhang gebracht werden muss, ist die
Gicht zu erwähnen. Während im Allgemeinen bekanntlich Frauen
viel weniger zur Gicht disponirt sind, als Männer, tritt um die Zeit
der Menopause das umgekehrte Verhältniss ein und die Arthritis
kommt bei Frauen im Alter zwischen 40 und 50 Jahren in einer
so grossen Frequenz wie in keinem anderen Lebensalter vor, wobei auch die Erscheinungen dieser Krankheit einen eigenthümlichen
Charakter zeigen. Schon Hippocrates war das Auftreten der Gicht
bei Frauen nach der Cessation der Menses so auffällig, dass er
das Vorkommen dieses Leidens vor diesem Zeitpunkte beim weiblichen Geschlechte gänzlich negirte.

Nach Geist's Beobachtungen (Klinik der Greisenkrankheiten,
Erlangen 1860) kommen im höheren Alter betreffs Häufigkeit der
Gicht auf 28 Weiber erst 4 Manner und Tilt gibt folgende Ta-
belle für die Sterblichkeit der Frauen an Gicht aus den Registrar-
General's-Report. Es starben an Gicht

im Alter von 20—30 Jahren . . . . 56 weibliche Individuen

„   „   „   30—40   „   121   „   „

„   „   „   40—50   „   291   „   „

„   „   „   50—60   „   152   „   „

„   „   „   60—70   „   104   „   „

Es sind zumeist corpulente Frauen mit weicher, weisser, schlaffer
blassen gedunsenem Gesichte, schlaffer atrophischer Muskulatur, oft
Haut, mit bedeutenden Varicositäten der Unterschenkel behaftet. Die
Verdauung ist zumeist träge, der Stuhl angehalten, die Respiration

kurz, mühsam, die Athmungscapacität bei den Meisten sehr tief
stehend, dagegen die Harnexcretion meist das mittlere Mass über-
steigend.

Gewöhnlich bemerken die Frauen der bezeichneten Constitution
b a l d   v o r   o d e r   n a c h   d e r   C e s s a t i o n   d e r   M e n s e s die Entwickelung der Gicht in folgenden Zufällen: Es sind im Beginne
nur von Zeit zu Zeit sich einstellende und rasch wieder verschwin-
dende, dumpfe oder reissende oft durchschiessende Schmerzen in
den Gelenken vorhanden. Bald ist es das Ellbogengelenk, bald
das Hüft-, Fuss-, Handgelenk, welche ergriffen werden. Diese
Schmerzen werden wenig geachtet, da sie schnell vorübergehen
und es oft lange Zeit, Monate dauert bis sie sich wieder einstellen.

Geschieht dies, so nehmen sie an Intensität zu, und dies um
so mehr, je öfter es geschieht. Nicht immer sind es die Gelenke
allein, welche befallen werden; gleichzeitig werden auch die Apo-
neurosen befallen, die Schmerzen sind indessen kurzdauernd, blitz-
ähnlich durchfahrend und zuweilen äusserst empfindlich. Nach und
nach concentriren sich dieselben auf ein oder mehrere bestimmte
Gelenke und es werden dann weit häufiger die Gelenke der oberen
als der unteren Extremität befallen. Besonders sind es die Finger-
gelenke, die Handwurzel, welche von nun an der bleibende Sitz
der Krankheit werden, nächst ihnen in absteigender Folge das
Ellbogengelenk, das Knie, der Kopf, äusserst selten die Füsse.
Mit der öfteren Wiederholung der Schmerzen tritt zugleich Geschwulst des ergriffenen Gelenkes ein, der Schmerz dauert länger
an, das Gelenk röthet sich bisweilen und wenn die Geschwulst
vorübergegangen ist, so bemerkt die Kranke, dass eine kleine, feste,
harte Geschwulst, entweder an einer über das Gelenk verlaufenden
Sehne oder im Gelenke selbst zurückgeblieben ist, oder dass das
ganze Gelenk geschwollen bleibt, wodurch die Beweglichkeit erschwert oder wenn die Geschwulst an der Beugeseite eines Fingers
oder des Handgelenkes sitzt, die Geradestreckung verhindert wird.

Die Anschwellungen der Gelenke, die Producte der Gicht sind
zweierlei Art: Die einen fühlen sich festweich, fast wie ein Stück-
chen Kautschuck an, sind gleichförmig rundlich, beim Drucke empfindlich und lassen in der gleichmässig intercessirten Geschwust
einzelne Theile, wie Sehnen, nicht unterscheiden. Die anderen
sind hart, fest, meist knochenhart, bilden scharfe Vorsprünge, sind
unempfindlich beim Drucke, schmerzhaft und knarrend bei Beweg-

ungen des Gelenkes; eine gewisse Abmagerung der zwischen den Gelenken (Finger) befindlichen Muskulatur lässt Gelenke und Sehnen noch schärfer hervorspringen, ein grösserer Verlust des subcutanen Zellgewebes macht den Theil mager, kühl, blutleer, während in der ersteren Art in der Regel erhöhte Temperatur, Turgor der Haut, stark entwickelte Venen beobachtet wurden.

Was nun das häufige Vorkommen der Gicht im klimakterischen Alter betrifft, so glauben wir, dass der Grund im Zusammenhange zwischen Gicht und Blutstasen im Unterleibe besteht. Wahrscheinlich wird durch die Circulationsstörungen eine Hemmung des normalen Stoffwechsels veranlasst, besonders ist die regressive Stoffmetamorphose gestört, die Harnsäure bleibt im Blute zurück.

III. Abtheilung.

Therapie und Hygieine im klimakterischen Alter.

XI. Capitel.

Therapie und Hygiene im klimakterischen Alter.

~~~~~~~~~~

In früherer Zeit waren allgemeine Blutentziehungen das beliebteste Mittel, das gegen die Gefahren der klimakterischen Lebensperiode am sichersten schützen sollte. Aeltere Autoren empfehlen für Frauen in den kritischen Jahren solche Blutentziehungen aufs Wärmste. Sie gehen von der Ansicht aus (Walther), „dass um diese Zeit bei aller scheinbaren Schwäche ein absolutes Uebermass der Blutmasse entsteht, die sich nach dem Wechsel der Jahresabschnitte, in sich überfliessend, bald auf diese, bald auf jene Organenreihe wirft, und sie so lange zur abnormen Ausscheidung, gleichsam heilkräftig zwingt, bis der Arzt, das Bedürfniss des Lebens des Weibes zur Zeit dieser Periode erkennend, auf künstlichem Wege durch gemessene Blutausleerung die verlangte Reduction der Blutmasse auf das, dem weiblichen Individuum in seiner Art angemessene Quantum zurückführt, was der heilkräftigen Natur diese ihre Bemühungen dann nicht mehr weiter nöthig macht und das Weibliche, das Leben in sich versöhnt, zur sonstigen Ruhe gelangt. Spontane Blutungen zu dieser Zeit sind daher wahrer Balsam des Weibes und dürfen nicht roh unterdrückt werden.“ So die Vertheidigung des Aderlasses und des blutigen Schröpfens, welche auch früher bei klimakterischen Frauen stark an der Tagesordnung waren.

Allerdings lässt sich nicht läugnen, dass allgemeine Blutentziehungen den Symptomen der Blutstockung und Blutwallung, welche ja zu den allermeisten Beschwerden des klimakterischen Alters Veranlasssung geben, gegenüber oft ganz wesentliche Erleichterung verschaffen können; allein dieser momentane Vortheil wird weit aufgewogen von wesentlichen, andauernden Nachtheilen. So füh-

ren öfter wiederholte, wenn auch stets nicht sehr reichliche Blutentleerungen nothwendiger Weise zur Schwächung der Gesammt-
constitution, zur Verminderung der Blutmenge und zum Ergriffen-
sein des ganzen Nervensystems, Zustände, welche gerade im klimakterischen Alter um so mehr weittragende Bedeutung haben, als
die Anämie hier günstigen Boden für Entstehung bösartiger Neubildungen bietet.

Wir können deshalb Blutentziehungen durchaus nicht für das
klimakterische Alter als ein Mittel empfohlen, das den Gefahren
dieser Lebensperiode gegenüber als Präservativ dienen soll, wie
dies sonderbarer Weise noch in jüngster Zeit von englischen Autoren
wie Tilt geschehen ist.

Schon Busch sucht gegen die damals noch sehr üblichen Blutentziehungen Bedenken zu erregen, denn er sagt: „Wenn es auch
eine wichtige Regel ist, in dem alternden Weibe durch zeitgemässe
Blutentleerungen den Gefahren, welche eine Blutüberfüllung mit sich
führt, vorzubeugen, so darf man dennoch niemals vergessen, dass
man hiedurch nur palliative Hülfe geleistet hat und muss den All-
gemeinzustand immer durch Anordnung der Diät und Beförderung
anderer natürlicher Secretionen zu bessern suchen.“

Hingegen müssen wir uns unbedingt für die hohe therapeutische Bedeutung der Purgantien aussprechen, welche gleichfalls
seit Altersher den Frauen in den „kritischen Jahren“ empfohlen
werden. Wir können nicht umhin eine längere systematische
Anwendung mässig purgirend wirkender Mittel in den
klimakterischen Jahren als das beste Präservativ gegen mannigfache in dieser Zeit gewöhnliche Störungen
zu bezeichnen. Es sind vor Allem die verschiedenartigen, von
uns schon wiederholt angegebenen Symptome der Blutstockung und
Blutwallung, gegen welche sich die Purgantien wirksam erweisen.
Diese abführenden Mittel haben aber auch ferner eine unläugbar
günstig derivirende Wirkung betreffs der Circulationsstörungen in
den Sexualorganen selbst, sowie sie endlich auch für die Digestions-
störungen therapeutisch bedeutsam sind.

Durch die lebhafte Darmsekretion wird ein Theil des zu reichlich angesammelten Blutes verwerthet und durch die stattgehabte
Transsudation und Verminderung des Seitendruckes die Circulation
in den Abdominalgefässen erleichtert. Es wird eine Entlastung
dieser Gefässe von dem Blutdrucke herbeigeführt und dadurch auch

eine Reihe von aus der chronischen Blutstase hervorgehenden Hyperämien des Uterus und seiner Adnexa bekämpft.

Ausserdem erfordern auch die mannigfachen im klimakterischen Alter häufig vorkommenden Sexualerkrankungen, wie chronische Metritis, Vergrösserung des Uterus, Leukorrhoe, die Anwendung von Purgantien. Ob die vermehrte Darmsekretion direkt durch ihre revulsivische Wirkung einen günstigen Einfluss auf den erkrankten Uterus ausübt oder ob diese Wirkung nach der Ansicht einiger Pharmakodynamiker in der Weise zu erklären ist, dass die Purganzen zunächst das Rückenmark influenciren und von hier aus excentrisch die motorischen Nerven der Darmmuskularis, der Bauchmuskeln und der Beckenorgane, wie der Harnblase, des Uterus u. s. w. anregen, kommt hier nicht in Betracht.

Endlich müssen Purgantien auch oft symptomatisch gegen die vorhandene Constipation in Gebrauch gezogen werden.

Als wichtigste Regel müssen wir betonen, nicht drastische Purgantien anzuwenden, die unter allen Umständen hier schädlich wirken, die Kräfte der Patientin schwächen und manche Beschwerden steigern. Nur solche Mittel, welche einen länger anhaltenden, wenn auch allmählig erst zu Tage tretenden günstigen Einfluss auf die Defäcation üben, verdienen hier Empfehlung. Man wende Tamarinden, Cassia, Manna, Pulpa Prunorum, Oleum Ricini, Rheum und die Mittelsalze an. Hingegen sollen Senna und ihre Composita, Aloë, Coloquinthen, Jalappa und andere drastische Mittel gemieden werden. Man könnte ihre Anwendung nur in der Weise rechtfertigen, um, wenn bei hartnäckigen Constipationen milde Abführmittel im Stiche lassen, einmal eine drastische Wirkung zu erzielen, und dann, wenn diese eingetreten ist, zum länger fortgesetzten Gebrauche milder Mittel wieder überzugehen. Sehr wohlthätig und zweckmässig wirkt der längere Gebrauch von Glaubersalzwässern oder auch von schwachen Bitterwässern.

Zur Unterstützung der bezeichneten Mittel und zur abwechselnden Anwendung mit denselben dienen äussere Mittel, vorzugsweise Klystiere mit gewöhnlichem Wasser von 18—20° R. Durch dieselben werden die im unteren Abschnitte des Dickdarmes enthaltenen Fäcalmassen erweicht, aufgelöst und zur Entleerung gebracht; es werden aber auch durch das injicirte Wasser, wenn die Reflexerregbarkeit des Darmes nicht schon zu sehr geschwächt ist, Reflexbewegungen angeregt, die sich vom Rectum aus über eine be-

deutende Strecke des Darmkanals fortpflanzen und dadurch Entleerungen zu Stande bringen. Man kann sich zu den Klysmen
auch Milch, Oel und erweichender Decocte bedienen.

Klystiere mit reizenden, scharfen Substanzen können wir durchaus nicht empfehlen, obgleich Aran dieselben als ein auch auf
den erkrankten Uterus günstig wirkendes Mittel preist. Die Reizung der Mastdarmschleimhaut erzeugt nämlich nicht blos Hyperämie in dieser Darmpartie, sondern erzeugt auch Congestionen zum
Uterus und seinen Adnexis, die gerade im klimakterischen Alter
nicht gleichgültig sind. —

Nicht unerwähnt dürfen wir hier die Emmenagoga lassen,
welche gar nicht selten im klimakterischen Alter zur Anwendung
kommen, doch sei ihrer nur erwähnt, um vor ihrem Gebrauche
unter allen Umständen zu warnen.

Zur Zeit der Cessation der Menses lassen sich nämlich oft
Frauen, welche es sich und ihrer Umgebung nicht zugestehen
wollen, dass sie altern und die Zeichen des blühenden Frauenal-
ters auf Nimmerwiederkehr entschwunden sind, dazu verleiten, Emmenagoga anzuwenden und bewirken dadurch Congestionszustände
der Sexualorgane mit allen ihren üblen Folgezuständen. Dasselbe
ist der Fall, wenn in Verkennung der natürlichen Ursache der
Cessation der Menses erregende Genussmittel, schwere Weine, starke
üppige Fleischkost, Eisenmittel genommen werden.

Am ehesten zu entschuldigen wäre die Anwendung von Em-
menagogis bei sehr frühzeitig erfolgender Menopause, allein auch
hier ist der Gebrauch solcher Mittel nicht zu rechtfertigen.

Wenn die Cessation der Menses sehr frühzeitig eingetreten
ist, so muss man vor Allem den Umstand beachten, ob trotz der
Menopause Erscheinungen von Congestionen zu den Beckengebilden fortdauern oder nicht. Wo eben das Letztere der Fall und
die Untersuchung Zeichen vorzeitiger Involution der Sexualsphäre
ergibt, muss man sich hüten, durch fruchtlose Anwendung von Em-
menagogis Congestionen zu den Genitalien künstlich hervorzurufen,
welche gerade um diese Zeit mehr als sonst gefährlich sind; sondern muss sich rein exspectativ verhalten. Sind aber auch periodisch wiederkehrende Erscheinungen menstrualer Congestion vorhanden, während die Menstrualblutungen selbst cessirten, so wird
man dennoch nicht daran denken dürfen, durch Emmenagoga eine
Erleichterung zu verschaffen, sondern wird im Gegentheile durch

milde Abführmittel und öfter wiederholte Hautreize derivirend einzuwirken suchen.

Noch in anderer Richtung stiften die Emmenagoga im klimakterischen Alter zuweilen Unheil. Wenn nämlich in der Voraussetzung, dass eine Cessatio mensium ex decrepidate vorhanden sei,
sich der Arzt verleiten lässt, drastische derartige Mittel zu geben
und schliesslich dadurch ein — Abortus eingeleitet wird. Es sind
nämlich gar nicht selten Fälle vorgekommen, dass man bei Frauen,
die nach dem vierzigsten Jahre concipirten und demgemäss die
Menses verloren, Alles eher diagnosticirte, als Gravidität.

Als ein spezifisches Mittel für die Krankheiten des „kritischen
Alters" galt in früherer Zeit der Schwefel, Sulfur praecipi-
tatum. Es hing dies mit seinem Rufe zusammen, blutige Secretionen durch die Venen der Gebärmutter und Hämorrhoidalvenen
hervorzurufen. Wir brauchen nicht erst noch des Weiteren zu erörtern, wie wenig Gewicht auf eine solche Wirkung zu legen ist,
ja wie sie sogar schädlich werden kann. Aus Respekt vor der
alten Verehrung des Schwefels liesse sich ein Gebrauch noch in
grösserer purigirender Gabe vertheidigen.

Tilt rühmt besonders den Campher, Camphora als ein spezifisches Mittel, ohne welche er die in der Decrepiditätsperiode
auftretenden Krankheiten nicht behandeln möchte und verordnet
gewöhnlich die Mixtura camphorata als Vehikel für andere Arz-
neien. Wir vermögen in eine solche lebhafte Empfehlung dieses
Mittels nicht mit einzustimmen und erklären uns dieselbe wohl nur
aus dem Umstande, dass seit alter Zeit dem Campher eine die
krankhafte Thätigkeit der Geschlechtsorgane mässigende Wirkung
zugeschrieben wird, welche aber, nebenbei bemerkt, noch durch
keinen physiologischen Versuch nachgewiesen ist. Aus der physiologischen Wirkung des Camphers ist vielmehr zu ersehen, dass
derselbe ein sehr kräftiges, flüchtig erregendes Mittel ist, das vorzugsweise das Gefäss- und Nervensystem sowie die äussere Haut
zu einer vermehrten Thätigkeit anregt und daher kann die Anwendung dieser Arznei im klimakterischen Alter, wo ohnedies Blutge-
fässe und Nerven erregt sind, gerade bedenklich werden.

Wir wollen nun die wichtigsten im klimakterischen Alter vorkommenden Leiden in therapeutischer Hinsicht kurz besprechen.

Menorrhagien.

Die klimakterischen Hämorrhagien erfordern ein energisches und umsichtiges Eingreifen des Arztes. Die noch immer von vielen Aerzten als Glaubensbekenntniss erkannte Lehre, die Gebärmutterblutungen nicht sobald zu stillen, hat nach unserer Ansicht gerade für das klimakterische Alter viel Gefährliches, indem durch die anhaltenden Blutungen leicht anämische und marastische Zustände herbeigeführt werden, welche einen gedeihlichen Boden für das Entstehen von Neubildungen bieten.

Ist die Blutung nicht zu heftig, so genügen zumeist Injectionen von kaltem Wasser in die Scheide oder die Anwendung von Kälte in anderer Form in den Genitalien, um die Hämorrhagie zu stillen. Wir wenden hier sehr gerne unseren Vaginalirrigator an, weil er die für Frauen bequemste Form der Application von Kälte in die Genitalien bietet.

Dieses Instrument besteht aus einer speculumartigen, aus Metall, Zinn oder Neusilber hergestellten Vorrichtung, etwa 14 Centimeter lang, deren oberes Uterinalende geschlossen ist, und an deren unterem ebenfalls geschlossenen Ende zwei in das Speculum hinaufragende ungleiche Metallröhrchen angebracht sind, ein Zuflussröhrchen und ein Abflussröhrchen. Jedes Röhrchen trägt einen etwa 4 bis 5 Fuss langen Kautschukschlauch, der eine ist mit einem runden, durchbohrten Metallstücke, der andere mit einem sogenannten Mundansatzstücke versehen. Die speculumartige Vorrichtung wird zuerst in vaginam eingeführt, das Metallstück wird in ein mit kaltem Wasser gefülltes, hochgestelltes Gefäss versenkt und an dem Mundstücke wird ein Moment gesaugt, worauf das kalte Wasser durch das Instrument hindurch in ein unten stehenstehendes Gefäss abläuft. Der Metallapparat wird sehr rasch und höchst intensiv kalt und theilt diese Kälte der Vagina und den inneren Sexualorganen mit. Die Vagina bleibt trocken und die Kälte kann doch ihre Wirkung entfalten,

Genügt blosse Anwendung der Kälte nicht, um die Blutung zum Stehen zu bringen, so macht man Injectionen von kaltem Wasser mit Zusatz von Liquor ferr. sesquichlorat. Man kann folgende Lösung in Bereitschaft halten und davon 2—4 Esslöffel auf 1 bis $1\frac{1}{2}$ Liter kaltes Wasser zusetzen lassen: Liquor. ferr. sesquichlor. 15,0 Aq. destill. 240,0. Sobald aber die Blutung auch nach wiederholter Injection dieser Flüssigkeit nicht aufhört, so muss man zur Tamponade der Scheide schreiten. Die Tamponade wird mit Watte vorgenommen, mit welcher die Scheide langsam ausgefüllt wird. Den Tampon lasse man einige Stunden liegen, entferne ihn dann vorsichtig und applicire ihn, falls die Blutung noch nicht gestillt ist, von Neuem.

Dabei muss die Patientin angewiesen werden, sich so ruhig als möglich zu verhalten und die Rückenlage einzunehmen. Die Bekleidung sei leicht, die Temperatur des Zimmers kühl. Man sorge für regelmässige Defäcation und bestehe darauf, dass weder stimulirende noch übermässige Quantitäten Nahrung und Getränke genossen werden. Die Befolgung dieser Vorsichtsmassregeln ist von grosser Wichtigkeit.

Es kann die Hämorrhagie aber Monate lang dauern und die Frau in ihrem Ernährungszustande sehr herunterbringen. In solchen Fällen finden die Massregeln Beachtung, welche Hewitt für die passive Form profuser Menstruation empfiehlt: Es soll die Tamponirung der Vagina so ausgeführt werden, dass man einen in Chloreisen getauchten Schwamm oder ein ebenso behandeltes Leinwandstück mittelst des Speculum in die Vagina einführt, dicht an den Mutterhals legt und es daselbst durch ein aus Gummi gefertigtes Luftpessarium befestigt. Letzteres wird aufgeblasen und füllt die Vagina vollständig aus. (Dr. Bennet schlägt die Tamponirung des Os uteri vor und hat seiner Angabe nach dieses Verfahren besser als die Ausfüllung der Vagina gefunden). Die Patientin muss angewiesen werden, die Rückenlage einzunehmen und kalte, von Zeit zu Zeit zu wechselnde Umschläge auf die Beckengegend zu machen. Vielleicht ist es noch besser, ein nasses Handtuch schnell auf das Abdomen zu legen, um dadurch eine plötzliche Erschütterung hervorzubringen. In Fällen dieser Art erwiesen sich auch Injectionen von kaltem oder Eiswasser in das Rectum von Nutzen. Der Zweck besteht darin, den Uterus zu Contractionen zu veranlassen; denn dieses Organ ist relaxirt, congestionirt, und befindet sich in einem Zustande, welcher demjenigen nach erfolgter Geburt sehr ähnlich ist.

Auch unter den innerlich zu reichenden Mitteln nehmen diejenigen die erste Stelle ein, welche im Stande sind, Gebärmuttercontractionen zu erzeugen, dann folgen diejenigen, welche blutstillende Eigenschaften besitzen. Styptica, Mutterkorn und Ipecacuanha

haben sich in Post-partum — Hämorrhagien nützlich erwiesen und
finden in Fällen sehr profuser Menstruation gleichfalls Anwendung;
Hewitt hat vom Mutterkorne gute Resultate gesehen, nachdem alle
anderen Medicamente vergeblich angewendet waren. Man verordne
dreimal des Tages eine Abkochung des frischen Pulvers. Styptica
erweisen sich häufig zweckmässig, Matica in Verbindung mit Eisen-
tinctur oder grosse Dosen der letzteren allein (60 bis 80 Tropfen)
sind sehr empfehlenswerth; ebenso kann die Gallussäure oder das
Plumbum areticum Anwendung finden. Opium ist in Fällen profuser Menstruation, sowie in Blutungen überhaupt ausserordentlich
gerühmt worden; für chronische Fälle erscheint seine Anwendung
nicht zweckmässig. Dr. M. Clintock hat die Tinctur des indischen
Hanfes als Hämostaticum empfohlen, während Beau die Raute und
Sabina in Gaben von weniger als einem Gran empfiehlt.

Leukorrhoe.

Die Behandlung der Leukorrhoe muss, allerdings bei Berücksichtigung der allgemeinen, constitutionellen Verhältnisse vorzugsweise eine lokale sein, mittelst Injectionen, Tamponade u. s. w.
Die gebräuchlichsten Arzneimittel, welche zu adstringirenden Injectionen verwendet werden, sind Decoct von Eichenrinde, (Es
wird aus 120—180 Gramm. mit 3 Liter Wasser ein Decoct auf
$\frac{1}{2}$—$1\frac{1}{2}$ Liter Collatur bereitet) Lösungen von Tannin und Alaun
(15—30 Gramm in 400 Gramm Wasser), schwefelsaurem Zink und
Kupfer, essigsaurem Blei und salzsaurem Eisen (4—8 Gramm in
400 Gramm. Wasser). Das zu den Injectionen verwendete Wasser
soll nicht ganz kalt, sondern mässig warm (20—22° C.) angewendet werden. Allmählig kann man die Temperatur der Flüssigkeit
herabmindern.

Es empfiehlt sich, mit den schwächeren Mitteln und mit geringeren Dosen zu beginnen und erst allmälig zu stärkerer Wirkung zu übergehen. Ferner ist es aber auch zweckmässig, mit den
einzelnen Adstringentien nicht zu lange fortzufahren, wenn sich
keine wahrnehmbare Wirkung derselben zeigt, sondern nach mehr-
wöchentlicher (etwa 4 bis 6 Wochen anhaltender) fruchtloser Anwendung eines Mittels ein anderes zu versuchen.

Wo die Secretion sehr reichlich ist und wo an der Vaginalportion leicht blutende Erosionen vorhanden sind, endlich wo dabei Senkungen des Uterus vorkommen, ist statt der Injectionen und

neben denselben die Anwendung von Alaun- und Tannintamponen empfehlenswerth. Diese werden am besten aus einem zusammengerollten und mit einem starken Faden umwickelten Stück Watte angefertigt, an dessen einem Ende sich ein längerer Faden befindet. Dieser Tampon wird nun entweder mit reinem Alaunpulver oder mit einer beliebigen Mischung desselben mit Zucker bestreut und des Abends mittelst eines Speculums in die Vagina hineingeschoben, wo er die Nacht über liegen gelassen wird. Des anderen Morgens wird der Tampon an dem aus den Genitalien hervorhängenden Faden entfernt. Hierauf lässt man die Vagina zuerst mittelst einer Injection von lauwarmen Wasser reinigen und zuletzt die Einspritzung mit einer adstringirenden Flüssigkeit vornehmen. Statt des Alauns kann man sich auch einer Mischung von $\frac{1}{2}$ Unce Tannin und 1 Unce Glycerin bedienen.

Wo es nicht möglich ist den Tampon mittelst Speculums einzuführen, kann man einen Schwamm anwenden, der in die letztbezeichnete Lösung von Tannin und Glycerin getaucht und von der Patientin selbst mittelst der Finger in vaginam eingeführt und bis in das Scheidengewölbe eingeschoben werden kann.

Bei stärkeren Excoriationen und Geschwüren der Vaginalportion und intensivem Katarrh der Uterinalschleimhaut sind zuweilen Bepinselungen der Vaginalportion mit Mischung von Tannin und Glycerin oder mit Acidum pyrolignosum oder Einführung von Argentum nitricum in Substanz in die Cervicalhöhle, sowie adstringirende Injectionen in das Cavum uteri nöthig.

Die Bepinselungen werden derart ausgeführt, dass man die Vaginalportion mittelst eines Glasspiegels bloslegt und hierauf das Fluidum mittelst eines starken Malerpinsels aufträgt, wobei man, wenn die adstringirende Flüssigkeit auch auf die Cervicalschleimhaut angewendet werden soll, den mit dieser Flüssigkeit getränkten Pinsel auch 1—2mal auf 6—9 Linien durch den Muttermund einschiebt.

Zur Aetzung der Uterinalhaut bei stärkerer Auflockerung und Hypersecretion derselben bedienen wir uns mit Vorliebe des Argent. nitr. in Substanz. Dasselbe wird, in einer Rabenfeder steckend oder in einem anderen Lapisträger unter Führung des Zeigefingers in den Muttermund so weit als möglich eingeschoben und dann 3 bis 4 Mal herumgedreht. Sollte der Lapis bei dieser Manipulation abbrechen, so hat dies nichts zu bedeuten. Wir ha-

ben davon nie weder auf der Klinik des Prof. Seyfert, der diese
Applicationsweise lebhaftestens empfahl, noch in unserer Privatpraxis
einen üblen Zufall eintreten gesehen.

v. Scanzoni empfiehlt die von Becquerel und Rodier in die
Praxis eingeführten adstringirenden Crayons besonders dann,
wenn die früher besprochene Bepinselung der Cervicalhöhle mit
einem Adstringens sich entweder als unzureichend erweist oder wenn
die enge Beschaffenheit des Muttermundes die tiefere Einführung des
Pinsels in soferne wirkungslos macht, als die im Pinsel enthaltene
Flüssigkeit schon bei dem Eindringen desselben zwischen den enge
an einander liegenden Mutterlippen herausgepresst wird und somit
entweder gar nicht oder nur unzureichend in den Cervicalkanal
gelangt. v. Scanzoni lässt die Stifte in einer Länge von beiläufig
18 Linien aus gleichen Theilen Tannin und Muc. gm. tragacanthae
anfertigen und ihnen eine konische Form geben, so dass eine Ende
eine Dicke von 3—4, das andere eine solche von etwas mehr als
einer Linie besitzt. Er legt die Orificialöffnung mittelst eines Ge-
bärmutterspiegels blos und stellt in das dickere Ende des Crayons
eine gewöhnliche Stricknadel, mittelst welcher der Crayon so tief
als möglich in die Cervicalhöhle eingeschoben wird. Um aber nun
die zuweilen ziemlich fest steckende Nadel zu entfernen, wird der
nach hinten gerichtete Rand des Mutterspiegels in die Höhe gehoben, an die unterhalb der Nadel befindliche Hälfte des Crayons
angedrückt und indem der letztere festgehalten wird, entfernt man
durch einfaches Zurückziehen die Nadel.

Um aber nun das allzurasche Herausgleiten des Stiftes aus
der Cervicalhöhle zu verhüten, ist es gut, durch den Mutterspiegel
entweder einen kleinen Schwamm oder einen Baumwolltampon so
einzuführen, dass er das aus dem Muttermunde hervorstehende Stück
des Stiftes unterstützt. Gewöhnlich ist das den Stift zusammen-
setzende Gummi nach 3—4 Stunden zum Theil aufgelöst und die
Schleimhaut der Cervicalhöhle bleibt nun durch längere Zeit in
Berührung mit dem sich langsamer lösenden Tannin.

Zu adstringirenden Injectionen in die Uterushöhle benützt man
Lösungen von Tannin, Eisenchlorid, schwefelsaurem Zink und Kupfer, auch schwache Lösungen von Nitras argenti. Indess möchten
wir derartige Injectionen in die Uterushöhle im klimakterischen Alter
am allerwenigsten empfehlen, da die damit verbundenen Schmerzan-
fälle und Gefässaufregung gewiss nicht ohne Bedeutung sind.

Zu Injectionen in den Uterus eignet sich bei den Katarrhen des klimakterischen Alters kein Mittel besser als Glycerin, von dem 10—15 Tropfen injicirt werden. Gerade gegen die hier vorkommende schlaffe chronische Schwellung der Schleimhaut bewährt sich die austrocknende Wirkung des Glycerins auf's Trefflichste.

Prolapsus uteri.

Gegen den Prolapsus uteri im klimakterischen Alter gibt es nur eine Art Mittel — die mechanischen Tragapparate. An eine Behandlung durch tonisirende Mittel oder durch operative Verengerung der unteren Geburtswege, wie dies in früheren Lebensjahren möglich ist, kann im klimakterischen Alter keine grosse Hoffnung mehr geknüpft werden.

Die Pessarien müssen aber sorgfältig den individuellen Verhältnissen angepasst werden. Bei Frauen der besseren Stände, welche keine schwere Arbeit zu verrichten haben, die geeignete Lage einnehmen und sich körperlich schonen, kann man eines der bekannten Pessarien anwenden (Ringpessarien, die wir nebenbei bemerkt, für die praktisch am häufigsten verwerthbaren halten, Hodge's Pessarium, Zwank'sches Pessarium u. s. w.)

Wenn hingegen die Frauen viel arbeiten oder stehen müssen, und der Uterus sammt der Scheide vollständig prolabirt ist, können wir auf's Lebhafteste die von Seyfert angegebene Taubinde mit der Holzolive empfehlen. Diese Bandage besteht aus einem starken Gürtel, welcher an das Becken angeschnallt werden kann. Im rechten Winkel zu diesem Gürtel wird ein anderer angeknöpft, der entsprechend dem Orificium vaginae eine Holzolive trägt und dann in zwei Schenkelriemen ausläuft, die nach rückwärts befestigt werden. Die Olive muss in die Mitte der Scheide zu liegen kommen, damit sie weder die obere noch die untere Wand der Vagina drücke. Die Bandage wird in folgender Weise angelegt: Die Frau legt sich in die horizontale Rückenlage mit etwas erhöhtem Kreuze, der Arzt reponirt den Prolapsus, befestigt den Gürtel um das Becken, knöpft die beiden Schenkelriemen an die an der Aussenseite des Hüftgürtels befindlichen Knöpfe an, gibt die gerade der Stelle des Orificium vaginae entsprechende Holzolive in die Vagina und befestigt dann das Ende des aufsteigenden Bandes oberhalb der Symphyse. Wenn die Bandage passend ist, so werden

durch dieselbe die äusseren Genitalien fest an die Beckenknochen angedrückt; ein Vorfall der Gebärmutter ist dann selbst bei den schwer-
sten Arbeiten nicht möglich. Will die Frau uriniren oder zu Stuhle
gehen, so knöpft sie den Theil der Bandage oberhalb der Symphyse ab, schlägt ihn zwischen den Schenkeln zurück, wobei auch
die Olive aus der Scheide hinausgleitet. Nach Verrichtung der
Nothdurft wird dieser Theil der Bandage wieder befestigt und zugleich die Olive wieder eingeführt.

An eine Heilung des Prolapsus uteri durch tonisirende Mittel,
wie kalte Vaginaldouchen, ist im klimakterischen Alter nicht mehr zu
denken, obgleich solche Heilungen in früheren Lebensjahren, wo
die Energie eine grössere und der Tonus leichter herzustellen ist,
gar nicht selten zu Stande kommen. Aber auch zur Zeit der Menopause wird man die mechanischen Mittel durch örtlich roborirende
zu unterstützen und in der Reihe der Letztern nehmen kühle und
kalte Vaginaldouchen stets den ersten Rang ein.

Pruritus vulvae et vaginae.

Der Prurigo der klimakterischen Frauen, speziell Pruritus vulvae muss örtlich behandelt werden und zwar mittelst Bäder, Waschungen, auch Cataplasmen. Im Allgemeinen werden bei Prurigo
warme oder lauwarme Bäder und Waschungen entschieden besser
vertragen als Anwendung von kaltem Wasser. Die Wirkung der
Kälte ist höchstens eine flüchtig beruhigende und hat nach momen-
taner Erleichterung oft wesentliche Zunahme des quälenden Haut-
juckens zur Folge.

Unter den Mineralbädern sind indifferente Thermen von
nicht hoher Temperatur (Schlangenbad, Johannisbad, Tüffer) empfehlenswerth, eine entschieden günstige Wirkung haben
auch die Schwefelthermen, von denen Aachen, Baden bei Wien,
Baden in der Schweiz, Schinznach, die franzöz. Pyrenäen-
bäder sich mit Recht eines grossen Rufes gegen das in Rede
stehende Leiden erfreuen und besonders bei inveterirten chronischen
Formen von Pruritus vulvae treffliche Dienste leisten.

In frischeren Fällen erscheint vor Allem der Gebrauch von
Sublimatbädern oder Sublimatwaschungen und Injectionen von Sub-
limatlösung in die Vagina empfehlenswerth. Man kann dazu schwache warme oder lauwarme Sublimatlösungen in sehr verdünntem

Alcohol oder blos in Wasser (0,5 Sublimat auf 500 Wasser) benützen.

In manchen Fällen fanden wir Bäder mit Zusatz von schleimigen Abkochungen (von Kleien oder Malz) von sehr guter Wirkung. Ausserdem wird eine Unzahl äusserlicher Mittel angerühmt. So narcotische Waschungen und Fomente mit Aq. lauroceras, Inf. Bellad. oder Aconit, Cataplasmen und Salben mit Opium - und Chloroformzusatz, das Einreiben von Glycerin, von Brom-, Tannin- und Höllensteinsalben, die Cauterisation mit Höllenstein, das Betupfen mit Acidum hydrocianicum, die Anwendung narkotischer Mittel zu Sitzbädern oder Vaginalinjectionen.

Hebra's Verfahren bei Prurigo besteht in Einhüllen der Kranken in wollene Decken, achttägigen Einreiben mit grüner Seife, darauf lauwarmen Baden. Amann will in drei Fällen durch wiederholte Application von 3 bis 5 Blutegeln an die Vulva, nach dem Scheitern aller anderen Mittel, Heilung erzielt haben.

Unter den vielen gepriesenen inneren Mitteln ist die von Romberg gerühmte Solutio Fowleri am wirksamsten. Purgantien, besonders purgirende Mineralwasser (Friedrichshaller, Saidschützer, Pullnäer, Ofner Bitterwasser, Marienbader Kreuzbrunnen) unterstützen am besten die Anwendung äusserlicher Mittel. Wir haben wiederholt lange dauernde Fälle von Pruritus vulvae et vaginae bei Frauen im klimakterischen Alter durch den Kurgebrauch in Marienbad bei gleichzeitiger Anwendung von Bädern mit Kleienabkochung heilen gesehen. Dasselbe gilt von Diureticis, von dem Gebrauche der Mineralsäuren, des Strychnins und Phosphors, der bitteren Pflanzensäfte (namentlich der an Schwefel und Jod reichen Kresse) u. s. w.

v. Scanzoni beginnt die Behandlung des Pruritus vulvae et vaginae bei gleichzeitiger congestiver Anschwellung und Röthung dieser Theile mit einer örtlichen Blutentziehung, 3—4 Tage später bepinselt er den Sitz des Leidens mit einem aus $\frac{1}{2}$ Drachme Chloroform auf 1 Unce Mandelöl bestehenden Liniment und setzt diese Bepinselungen, wenn es nöthig ist, mehrere Wochen lang jeden 2. bis 3. Tag fort. Führt dies nicht zum Ziele, so wird feinpulverisirter Alaun mit einer gleichen Menge Zucker mittelst eines Baumwolltampons in die Vagina eingebracht und daselbst durch 6—12 Stunden liegen gelassen, worauf die Scheide durch die Injection einer Alaunlösung (1 Unce auf 1 Pfund Wasser) gereinigt

und auch die äusseren Genitalien mit dieser Flüssigkeit gewaschen
werden. Dieses Verfahren ist während des Verlaufes von zwei
Wochen täglich zu wiederholen, während welcher Zeit man den
Zusatz von Zucker weglassen und reinen Alaun in Gebrauch ziehen
kann. Bleibt auch dies erfolglos, so versuche man die lokale Anwendung von Kälte in Form von Eistamponen und Eisüberschlägen
(es könnte hier auch unser Vaginalirrigator in Gebrauch gezogen werden) oder schreite zu einer intensiven Cauterisation mit
einem Höllensteinstifte.

Carcinoma uteri.

Bei diesem im klimakterischen Alter so ausserordentlich häufigen Leiden kann nach dem gegenwärtigen Standpunkte der Wissen-
schaft die Hauptaufgabe des Arztes nur darin bestehen, auf Erhaltung der Kräfte und auf Stärkung des ganzen Organismus einzuwirken. Eine roborirende, vorwiegend aus Fleischspeisen bestehende Kost, mässige Menge guten Bieres oder leichten Weines,
Eisenpräparate, Chinin mit Eisen, möglichst häufiger Aufenthalt in
frischer freier Luft spielen bei der Therapie die Hauptrolle.

Hat die krebsige Degeneration blos den unteren Theil der
Vaginalportion ergriffen, so ist die Operation radical, durch welche
es möglich ist, die ganze krankhafte Partie zu entfernen. Doch
zumeist kommen die an Krebs der Gebärmutter leidenden Frauen
dann zur ärztlichen Beobachtung, wenn die Degeneration soweit
um sich gegriffen hat, dass an ein operatives Einschreiten nicht
mehr gut zu denken ist und der Arzt blos die Aufgabe hat die
lokalen und allgemeinen Symptome zu bekämpfen und den Gesammtorganismus so viel als möglich intact zu erhalten.

Gegen die bei Uteruscarcinomen vorkommenden Blutungen
muss, wenn Kaltwasserinjectionen und Injectionen von Lösung von
Liquor ferr. sesquichlor. nicht hinreichen, die Tamponade angewendet werden. Da die Blutungen hier oft plötzlich und sehr heftig auftreten, so ist es am zweckmässigsten, wenn die Kranken
stets die nöthigen Blutstillungsmittel in Bereitschaft haben: Eine
Clysopompe oder Spritze mit Mutterrohr, kaltes Wasser, eine Lösung von Murias ferri. Von diesen Mitteln soll sogleich, noch bevor der Arzt kommt, Gebrauch gemacht werden, damit der Blutverlust nicht zu grosse Schwächung herbeiführe.

Gegen die quälenden Schmerzen leisten, neben innerlicher Verabreichung von Opiaten oder Chloralhydrat, Opiumklystiere die besten Dienste. Diese Klystiere wendet man in der Weise an, dass man einem Aufgusse von Chamillen in der Quantität von etwa 15—20 Tropfen Tinct. anodyna zusetzt und denselben lauwarm applicirt. Diese Opiumklystiere haben den oft überraschenden Erfolg, dass Kranke, welche früher die Nächte schlaflos zubrachten, ruhigen Schlaf erhalten und sich gekräftigter fühlen.

Ein gutes, die Schmerzen zuweilen linderndes Mittel sind lauwarme Kataplasmen von Leinsamen, Graupen, Haferschleim u. s. w. auf die regio hypogastrica oder inguinalis angewendet, zuweilen auch lauwarme Vollbäder, die aber in nicht zu langer Dauer nur etwa durch 15—20 Minuten genommen werden dürfen.

Gegen eines der belästigendsten Syptome des Uteruscarcinoms, den corrodirenden, purulenten, übelriechenden Ausfluss, müssen lauwarme Sitzbäder und Injectionen von lauwarmen Wasser in die Scheide vorgenommen werden und zwar kann dem Wasser am zweckmässigsten Chlorkalk oder Eau de Cologne zugesetzt werden. Gegen die Excoriationen, welche die corrodirende Beschaffenheit des Ausflusses veranlasst, wird Aqua Goulard., Unguentum cerussae oder Zinksalbe angewendet. Ueberhaupt muss die Reinlichkeit in sorgfältigster Weise gewahrt werden, um die Qualen der Patientinnen nicht zu vermehren.

Gegen die consecutiven Symptome von Seite der Mastdarmschleimhaut und Schleimhaut der Harnwege, schwierige Defäcation lästigen Harndrang, Brennen beim Uriniren, Ischurie u. s. w. empfiehlt sich die Verordnung milder Abführmittel, das Trinken kohlensäurehaltiger alkalischer Mineralwasser, das Wasser von Bilin, Fachingen, Giesshübel etc., sowie die fleissige aber vorsichtige Anwendung des Katheters.

Kommt es in Folge von Stauung des Harnes zu urämischen Erscheinungen, welche sich als heisse, trockne Haut, trockene Zunge, gesteigerter Durst, frequenter Puls, Uebligkeiten, Somnolenz kund geben, so ist es nach Seyfert am zweckmässigsten, Diarrhoe einzuleiten und viel indifferente Flüssigkeit, wie Limonade, Acidum tartaricum mit Sacharum als Zusatz zum Wasser, Sodawasser trinken zu lassen, dabei gebe man innerlich Chinin mit Laudanum, von ersterem 6 Centigramm, von letzterem $\frac{1}{2}$ Centigramm pro dosi 3mal des Tages. Sind die Erscheinungen der Urämie

nicht Folge von Nephritis mit zahlreichen Eiterheerden, so gehen
sie unter dieser Behandlung häufig zurück, bis ein neuerliches Auftreten dasselbe therapeutische Verfahren erfordert. Auch gegen
pyämische Erscheinungen bei Uteruscarcinom, wie sie sich durch
wiederholte Schüttelfröste, bedeutendes Fieber und die bekannten
Localisationen des Processes kund gibt, empfiehlt Seyfert Einleit-
ung von Diarrhöen.

Wir halten es hier bei dieser Gelegenheit nicht für überflüssig, zu erneuten Experimenten der localen Anwendung des kohlensauren Gases bei Uteruscarcinoma aufzumuntern. Wir
finden zuerst bei Percival in seinen Philosophical medical and
experimental Essays 1779 die äussere Anwendung des kohlensauren Gases empfohlen „um das Sekret der Krebsgeschwüre zu ver-
bessern, den Schmerz zu lindern und den üblen Geruch zu vermindern" und es schien ihm, dass er durch dieseses Mittel „die weitere Ausbreitung des Krebsgeschwüres verhindern könnte". Aehnliches berichtet Lalonette (im 2. Bande de l'histoire de la So-
cieté Royale de Médecine 1787), welcher sich des Weiteren äussert: „Das kohlensaure Gas, äusserlich angewendet, muss als ein
leicht zusammenziehendes Mittel angesehen werden, welches auf die
Fasern reizend wirkt, auf die flüssigen Theile aber einen der Wirkung fäulnisswidriger Mittel ähnlichen Effekt übt... Kommt das
kohlensaure Gas mit üblen Sekreten in Berührung, so wirkt es auf
das Fortschreiten der Fäulniss hemmend".

Achtzig Jahre blieben diese Aeusserungen unbeachtet. Erst
im Jahre 1856 griff Simpson wieder zur Kohlensäure als loca-
lem Anaestheticum bei Carcinomen des Uterus. Die Schmerzlin-
derung, sagt er, erfolgt zuweilen unmittelbar nach der Anwendung
(Edinburg. medical Journal 1855). Hiedurch angeregt, stellte Fol-
lin mehrere Versuche mit kohlensauren Gasdouchen bei Carcinomen des Uterus an (Arch. gen. de Méd. 1856) und fand, dass
diese Injectionen den Schmerz wesentlich verringerten, zuweilen
ganz tilgten und die Blutung minderten.

Aehnliche Experimente nahm Bernard vor (Gazette des hô-
pitaux 1857) und das Resultat derselben war „Verschwinden des
Schmerzes, sehr beträchtliche Verringerung der Ulcerationen und
Besserung des Allgemeinbefindens. Die Blutungen wurden gleich-
falls seltener und minder stark". Er gelangt zu folgenden
Schlüssen:

1) Die Injectionen mit kohlensaurem Gase sind ein kräftiges Anaestheticum und vermindern rasch den Uterinalschmerz in Fällen, wo blos einfacher oder auch krebsiger Congestivzustand des Collum uteri vorhanden ist.

2) In manchen Fällen haben sie auch gänzlich oder theilweise Lösung solcher Congestivzustände herbeigeführt und einmal auch wohlthätig auf krebsige Verschwärung gewirkt.

3) Dagegen erzeugt dieses Mittel oft allgemeine Störungen (Kopfweh, Schwindel, Gesichtsschwäche, u. s. w.), wie sie an Thieren beobachtet werden, denen man mit Kohlensäure versetztes Blut in die Venen spritzt.

Auch Monod (Gazette des hôpitaux 1856) hat das kohlensaure Gas in derselben Weise bei Carcinom des Uterus angewendet: Die Beruhigung des Schmerzes sagt er, war eine augenblickliche. Diese Linderung dauerte nicht an, ist aber doch immer sehr beachtenswerth. Das Aussehen der carcinomatösen Geschwüre besserte sich zuweilen und es schien sogar die Kohlensäure die Cicatrisation herbeizuführen. Mehrere Monate lange fortgesetzte tägliche Versuche ergaben ihm als Durchschnittsresultat drei Erfolge gegen einen Misserfolg der Kohlensäure.

Dèmarquay bestätigt (Union médicale 1857) gleichfalls die gute Wirkung der Injectionen mit kohlensaurem Gase. „Sicher ist, dass das Befinden gebessert wurde und wenn die Kranken auch nicht von ihrem Uteruskrebs geheilt wurden, so wurde ihr Zustand doch erträglich". Einer solchen Patientin, welche die heftigsten, durch nichts zu beruhigenden Schmerzen hatte, ward auf diese Weise ganz bedeutende Linderung verursacht.

Le Juge sagt betreffs der Anwendung der Kohlensäure bei Carcinomen des Uterus (Sur quelques methodes de traitement des affections de l'utérus et en particulier sur l'emploi du gaz carbonique 1858): Wir haben in solchen Fällen Narcotica in allen Formen äusserlich und innerlich anwenden gesehen, oft ohne jeglichen Nutzen. Keines dieser Mittel hat aber eine solche anästhesirende Wirkung, wie die Kohlensäure, in welchem Stadium des Carcinoms sie immer angewendet wurde. Auch gegen die bei Carcinomen so häufigen Blutungen hat sie sich heilsam erwiesen.

Unseres Wissens hat noch kein deutscher Arzt diese Versuche mit localer Anwendung der Kohlensäure bei Uteruscarcinomen wiederholt.

Wir selbst haben in zwei Fällen von carcinomatöser Infiltration des collum uteri Vaginaldouchen von kohlensaurem Gase angewendet und in beiden Fällen wesentliche Linderung der Schmerzen und Verbesserung der putriden Secretion erzielt.

Obesitas.

Die im klimakterischen Alter so häufig vorkommende übermässige Fettansammlung ist ein so belästigendes Leiden, dass dessen Beseitigung zumeist zu den sehnlichsten Wünschen der Frauen gehört.

Das sicherste Mittel gegen Obesitas bildet die geeignete Diät (welche wir später ausführlich besprechen), die Vermeidung aller Fettbildner und möglichste Beschränkung der Nahrung auf animalische Kost. Dabei müssen solche fettleibige Frauen trotz ihrer entgegengesetzten Neigung viel gehen, Muskelbewegung machen, Lungengymnastik treiben, die Thätigkeit des Geistes lebhafter anregen, sich nicht zu viel der Ruhe und dem Schlafe hingeben.

Als Arzneimittel passen für solche Frauen die Mittel- und Neutralsalze, speciell das schwefelsaure Natron, das souveränste Mittel in dieser Richtung, die Seife, das Extr. Taraxaci, Fumariae, Graminis, Cichorei. Wo es die Umstände gestatten, lasse man solche Frauen Glaubersalzwässer an der Quelle (in Marienbad, Karlsbad, Tarasp-Schuls) trinken, oder mindestens im versendetem Zustande. Die grossartige Wirkung der Glaubersalzwässer auf Reduction anomaler Fettansammlungen ist unläugbar.

Die Erklärung für diesen letzteren Umstand gibt Seegen auf Grundlage seiner Untersuchungen dahin, dass in Folge der Einnahme des schwefelsauren Natrons die Umsetzung der stickstoffhaltigen Körperbestandtheile, der Leim- und Eiweissgewebe beschränkt und der Oxydationsprocess mehr auf die Fettgebilde des Körpers gerichtet ist. Er fand nämlich, dass durch kleine Gaben von Glaubersalz die Stickstoffausscheidung durch die Nieren wesentlich beschränkt wird.

Brann will folgende Erklärung der Glaubersalzwässer gegen Fettleibigkeit geben: Eiweisshaltige Absonderungen auf der Darmschleimhaut veranlasst durch die locale Wirkung des Glaubersalzes und begünstigt durch die Blutwirkung des kohlensauren Natrons und Chlornatriums setzen den vermehrten Verbrauch der

Proteinstoffe, welcher auf eine von der täglichen Erfahrung zwar constatirte, in ihrer Art aber unbekannte Weise eine Ausgleichung findet in der Resorption die Consumtion des in den Geweben abgelagerten Fettes.

Die Abnahme des Körpergewichtes in Folge einer Kur mit Glaubersalzwässern ist zuweilen überraschend. Wir haben wiederholt bei hochgradig fettleibigen Frauen in Folge mehrwöchentlichen Gebrauches von Marienbader Kreuz- und Ferdinandbrunnen in Verbindung mit geeigneter Diät eine Körpergewichtsabnahme von 15 bis 35 Pfund und eine Abnahme des Umfanges des Unterleibes um 15 bis 20 Centimeter beobachtet. Es ist dies physiologisch leicht zu erklären, da keine Körpersubstanz so leicht vergänglich scheint, wie das Fett.

Betreffs der zahlreichen pathologischen Symptome im Gebiete der Digestionsorgane, welche durch die Blutüberfüllung und Stockung im Pfortadergebiete entstehen, ist es Aufgabe der Therapie, dieser Blutüberfüllung (wie schon früher erwähnt) durch Darreichung von Abführmitteln entgegenzuwirken, unter denen die salinischen Mittel und abführenden Mineralwässer am meisten vorzuziehen sind. Bedeutende Anschwellung der Leber, verbunden mit Schmerzhaftigkeit des rechten Hypochondriums mässigt man am besten durch milde salinische Abführmittel, deren Wirkung man durch ein Inf. rad. Rhei längere Zeit unterhält; gleichzeitig kann man einige Schröpfköpfe auf die Lebergegend und Blutegel ad anum appliciren lassen. Die Mineralwässer von .Karlsbad, Marienbad, Kissingen, Homburg, Ems, Vichy haben eine durch Erfahrung tausendfach erprobte günstige Wirkung.

Neuralgien.

Gegen die Hemicranie empfehlen sich neben den durch die allgemeinen Circulationsstörungen (welche gewiss mit diesem nervösen Leiden in causalem Zusammenhange stehen) gebotenen Mitteln als Palliativmittel die Kälte und die Compression. Die Erstere wird am besten in der Weise angewendet, dass man durch längere Zeit einen Eisbeutel auf Stirn und Schläfe applicirt. Der schwere Beutel wirkt zugleich nützlich durch die ausgeübte Compression und kann deshalb, sowie wegen der viel energischeren Wärmeentziehung, auch durch kalte Umschläge und Eisumschläge in keiner Weise ersetzt werden. Die Compression des Kopfes gegen eine feste Unterlage ist ein wesentliches Linderungsmittel, ebenso die Compression der Carotis auf der leidenden Seite. Narcotica, sie mögen welchen Namen immer haben, stiften hier geringen, nicht einmal palliativen Nutzen.

Das wirksamste und sicherste Palliativmittel gegen die cardialgischen Anfälle sind subcutane Morphiuminjectionen, am besten in der Magengegend selbst ausgeführt, von wo die Resorption in sicherster und raschester Weise erfolgt.

Gegen die Hyperästhesien und Hyperkinesen der verschiedenen Art erweisen sich Bäder von indifferenter Temperatur von 30—35⁰ C. (lauwarme Bäder) von gewöhnlichem Wasser oder indifferente Thermalbäder als ein souveränes Mittel, die krankhafte erhöhte Sensibilität und Reflexerregbarkeit wesentlich herabzustimmen. Hysterischen bekommen darum auch Badekuren in Schlangenbad, Johannisbad, Tobelbad, Tüffer, Landeck, Liebenzell, Neuhaus etc. Nicht genug betont kann jedoch werden, dass die Temperatur der Bäder keine hohe sein, jene der Hauttemperatur nicht übersteigen darf.

Mineralwässer und Bäder, Klimatische Kuren und Trauben-Kuren.

Die Mineralwässer und Bäder verdienen wegen ihrer hervorragenden Bedeutsamkeit unter den therapeutischen Mitteln eine spezielle Erwähnung. Die Mineralwasserkuren in Form von Trink- und Badekuren, üben bei den Krankheiten des klimakterischen Alters in mehrfacher Richtung günstigen Einfluss. Die Balneotherapie vereinigt hier alle Erfordernisse, das pharmakologische, diätetische und psychische Wirken. Wir vermögen durch sie allgemein auf den Gesammtorganismus und örtlich auf das kranke Organ einzuwirken. Wir sind im Stande, durch sie den gesammten Stoffwechsel in mächtiger Weise anzuregen, eine Veränderung in der Zusammensetzung des Blutes oder der ernährenden Säfte herbeizuführen, auf das Nervensystem grossartig einzuwirken und auch auf die Geschlechtsorgane in bestimmter Weise zu influiren. Aber auch auf psychischem Gebiete bringt die Reise in den Kurort, das Leben in demselben mit all den wechselnden frischen Eindrücken eine Revolution hervor, die nicht ohne gewaltigen Einfluss auf das körperliche Befinden bleibt. An Stelle der einförmigen, regelmässig wiederkehrenden häuslichen Lebensphasen tritt nun eine neue Weise des Seins ein. Neue Gegenden regen die Sinne an, neue Umgebung beschäftigt das Gemüth, ein neuer Arzt belebt die Aussicht auf Erfolg — gewiss mächtige bedeutende Potenzen.

Bei den Trinkkuren, welche Frauen des klimakterischen Alters empfohlen zu werden verdienen, fällt die Hauptrolle vorzugsweise zwei Gruppen von Mineralwässern zu: den Glaubersalzwässern und den Bitterwässern, ihnen zunächst, wenn auch seltener den Kochsalzwässern.

Die Glaubersalzwässer (alkalisch-salinische Mineralquellen), ausgezeichnet durch ihren Gehalt an schwefelsaurem Natron als vorwiegenden Bestandtheil neben dem Gehalte an Kohlensäure und kohlensaurem Natron, werden hier wegen ihrer purgirenden und diuretischen Eigenschaft verwerthet, sowie wegen ihres Einflusses auf den Stoffwechsel überhaupt, und auf stärkeren Umsatz der Fettgebilde des Körpers im Speziellen.

Vor Allem ist es der derivatorische Einfluss, den der Wochen lang fortgesetzte Gebrauch der Glaubersalzwässer auf den Darmkanal mit Steigerung der Darmsekretion übt, welcher die Circulation des Blutes in den Beckenorganen regelt, eine Entlastung der Unterleibsblutgefässe von dem Blutdrucke herbeiführt und die aus der chronischen Blutstase hervorgehenden Hyperämien in den verschiedenen Organen bekämpft. Aber auch symptomatisch sind die Glaubersalzwässer wichtige wirksame Mittel gegen die Constipation, als so häufiges Symptom in diesem Alter, sowie gegen eine Reihe von Erkrankungen der Sexualorgane, besonders chronische Metritis. Endlich sind diese Wässer das vorzüglichste Agens, um die abnorme Anhäufung von Fett im Organismus zur Reduction zu bringen.

Im Allgemeinen verdienen die kalten Glaubersalzwässer (Marienbad in Böhmen, Tarasp-Schuls in der Schweiz) den Vorzug vor den warmen (Karlsbad in Böhmen). Den Letzteren möchten wir hingegen dann bei klimakterischen Frauen den Vorzug geben, wenn diese Erscheinungen von gestörter Gallenbereitung bieten, wenn Icterus sich häufiger einstellt.

Die Bitterwässer, welche sich in ihrer Wirkung den Glaubersalzwässern anschliessen, eignen sich wegen ihrer rasch purgirenden Wirkung besonders zum häuslichen Gebrauche, wenn es sich darum handelt, bei Tumoren des Uterus die Constipation schnell zu beseitigen oder bei heftigen Congestionserscheinungen gegen das Centralnervensystem eine kräftige prompte Ableitung auf den Darmkanal herbeizuführen. Es werden dann die kräftigsten Bitterwässer von Saidschütz, Püllna, Friedrichshall, Ivanda, Ofen etc. angezeigt sein.

Die Kochsalzwässer, charakterisirt durch das Vorwiegen der Chlorverbindungen, finden wir bei den Leiden des klimakterischen Alters weniger indicirt, weil sie den Glaubersalzwässern ganz wesentlich nachstehen, wo es sich, wie zumeist in diesen Fällen, darum handelt, die Darmthätigkeit zu erhöhen, auf den Darm derivirend zu wirken oder der Fettbildung Einhalt zu thun.

Noch viel seltener finden wir bei klimakterischen Frauen Indication für die Anwendung von Eisenwässern, da hier zumeist die Erscheinungen von Abdominalstasen von Plethora abdominalis in den Vordergrund treten und es sich vorzüglich darum handelt, derivirend einzugreifen, während die Eisenwässer excitirend wirken.

Bäder bilden bei der Behandlung der Frauenkrankheiten des klimakterischen Alters ein Moment von höchster Wichtigkeit. Ausser der durch die Bäder im Allgemeinen bewirkten lebhafteren Anregung des Stoffwechsels ist es ihr Einfluss auf Förderung der Hautkultur, welcher hier in Betracht kommt. Bäder von 24—26°R. sind ein wichtiges diätetisches Mittel für die Zeit der Menopause. Sie bethätigen die gerade im klimakterischen Alter so wichtige Function der Haut, üben aber zugleich eine beruhigende Wirkung auf das Nervensystem und mindern die allgemeine krankhafte Reizbarkeit.

In der verschiedenen Badetemperatur ist ein mächtiges Agens gegeben, um die bedeutsamsten therapeutischen Wirkungen zu erzielen. Je nach dieser Temperatur verändert das Bad die Erregbarkeit der Muskeln und Nerven, wirkt dadurch indirekt auf die Erregbarkeit des Hirnes und Rückenmarks, es erweitert das Bett des peripherischen Blutstromes, entlastet die inneren Organe und befördert die Secretion der Schweissdrüsen, oder es drängt das Blut von der Peripherie gegen die inneren Organe zurück, in diesen wird die Umsetzung lebhafter angeregt, und dadurch die Wärmeproduction gesteigert.

Für die Leiden des klimakterischen Alters halten wir besonders zwei Arten von Mineralbädern angezeigt: die indifferenten Gebirgsthermen und die Eisenmoorbäder, ihnen zunächst die Schwefelbäder.

Die indifferenten Gebirgsthermen (von Gastein in Salzburg, Pfaeffers-Ragatz in der Schweiz, Wildbad in Würtemberg, Tüffer in Steiermark, Schlangenbad in Prov. Nassau, Landeck in pr. Schlesien, Johannisbad in Böhmen, Tobelbad in Steiermark, Liebenzell in Würtemberg) finden darum in den klimakterischen Jahren ihre häufigste Anzeige, weil sie bei der hohen Sensibilität und nervösen Reizbarkeit der Frauen dieses Alters den Zweck der Förderung der Hautcultur, Bethätigung der peripherischen Blutcirculation und Anregung des Nervensystems in mildester gelindester Weise erfüllen. Sie sind die geeignetsten Mittel, die Hyperästhesie im Gebiete des Genitalapparates sowie die verschiedenartigen hysterischen Erscheinungen zu mindern. Diesen indifferenten Thermen schliessen sich als Nervenberuhigende Bäderarten, welche bei Frauenleiden des klimakterischen Alters mit dem Charakter der Hyperästhesie bestens verwerthet werden, die Milch-Molken- und Kräuterbäder an. Von Letzteren sind besonders zu erwähnen Bäder mit Baldrian, Chamillen, Münze und Melisse.

Solche Kräuterbäder lassen sich zu Hause leicht bereiten. Es werden 250 Gramm ($^1|_2$ Pfund) der betreffenden Species in ein Säckchen gebunden und mit kochendem Wasser gebrüht, dann ausgedrückt und dem Bade zugesetzt.

Zu „beruhigenden" Kleienbädern wird eine Metze Weizenkleie in 1 Säckchen gekocht, geknetet und das Gewonnene sowie das Säckchen selbst dem Bade zugesetzt.

Die Eisenmoorbäder (von Marienbad, Franzensbad, Elster) eignen sich dann, wenn in den klimakterischen Jahren chronische Metritis vorhanden ist oder wenn Neubildungen zu retro- und intraperitonealen Exsudaten Veranlassung geben. Sie entfalten auch sehr günstige Wirksamkeit bei Alterationen des Nervensystems und und den dadurch bedingten Hyperästhesien und Neuralgien, sowie krampfartigen Erscheinungen der verschiedenen Art. Endlich sind sie ein souveränes Mittel gegen die in diesem Alter so häufigen Formen von Gicht.

Die Schwefelbäder finden ihre vorzügliche Anzeige, wenn Prurigo im Allgemeinen oder speziell Pruritus vulvae et vaginae vorhanden ist, dann aber auch bei allen eczematösen, erythema-

tösen und acneartigen Eruptionen der Haut, bei allen jenen Erscheinungen, welche französische Autoren als „herpetische Dia-
these" zusammenfassen. Empfehlenswerth sind dann die Bäder von
Aachen in Rheinpreussen, Baden bei Wien, Mehadia in der
österreichischen Militärgrenze, Saint-Sauveur, Eaux-chau-
des, Canterets, Luchon und Uriage in den Pyrenäen.

Kohlensäurereiche Säuerlingsbäder (welche Bezeichnung wir
den Stahlbädern substituiren) und Soolbäder empfehlen wir
im klimakterischen Alter nicht, weil wir die damit verbundene Erregung des gesammten Blutgefässsystems sowie die örtliche Congestion zu den Beckenorganen fürchteten. Hingegen empfehlen wir
kohlensaure Gasbäder als ein palliatives, Schmerzstillendes und
die Secretion verbesserndes Mittel bei Uteruscarcinom.

Hydrotherapeutische Prozeduren dürfen im klimakterischen Alter nur mit sehr grosser Vorsicht genommen werden, da
sie auch das ganze Gefäss- und Nervensystem zu sehr erregen.
Tiefeingreifende Prozeduren wie Abreibungen mit kaltem Wasser
und nachfolgende Einwickelung in wollene Decken behufs starken
Schwitzens oder starke kalte Sturzbäder halten wir entschieden für
nicht angemessen. Wohl können aber, ausser localen Douchen,
noch bei den verschiedenen hysterischen Erscheinungen mit den
nöthigen Cautelen vorgenommen werden: Frictionen mit einem in
kaltes Wasser getauchten Schwamme, Application von kaltfeuchten
Tüchern, Compressen und Gürteln mit kaltem Wasser getränkt. Im
Allgemeinen ist eine Temperatur des Wassers von 10 — 20° C.
die geeignetste, sie soll nicht unter 8° C. herabgehen.

Kalte Seebäder können wir hier ebensowenig wie energi-
sche Kaltwasserkuren empfehlen.

Klimatische Kuren sind bei Frauen des klimakterischen
Alters besonders dann von Nutzen, wenn es sich darum handelt,
auf das ergriffene Nervensystem oder die darniederliegende Ver-
dauung einzuwirken. Bei dem Umstande, dass bei den meisten
Frauen dieses Alters übergrosse Sensibilität gegen Lebensreize
herrscht und sehr leicht starke Reactionserscheinungen im Blut- und
Nervenleben auftreten, ist ein sedativ-roborirendes Klima mit
gleichmässiger Temperatur, mässiger Feuchtigkeit und Schutz vor
Winden am häufigsten zu empfehlen: Im Herbste Meran, Baden-
Baden, Genfer-See, im Winter Hyères, Cannes, Nizza,
Mentone, St. Remo, Palermo, Neapel, Ajaccio, Cairo.

Sehr passend sind für Frauen dieses Alters Traubenkuren. Denn die Hauptwirkung des Traubensaftes besteht in der Vermehrung der Darmsecretion und Beförderung der Defäcation, wozu sowohl die in dem Traubensafte enthaltenen Salze (besonders das weinsteinsaure Kali und Kalk) als der Zucker beitragen. Unter dem täglichen Gebrauche von 4 — 5 Pfund reifer Trauben wird aber nicht bloss der Stuhlgang befördert, sondern auch die Urinsecretion und die Transspiration vermehrt, der Stoffwechsel im Allgemeinen lebhafter angeregt. Man kann die Traubenkuren am besten in Meran, Bozen, Montreux, Bex, Gleisweiler, Dürkheim, aber auch sonst in jedem klimatisch günstig situirten Orte gebrauchen lassen, wohin täglich frische Zusendung von Trauben ermöglicht ist.

Die Beobachtung der hygienischen Vorschriften ist für die Frauen des klimakterischen Alters von grosser Bedeutung und kann in dieser Richtung der Arzt nicht genug strenge und präcis sein.

Betreffs der Auswahl der Diät sind vorzüglich zwei Typen von Frauen des klimakterischen Alters zu unterscheiden. Den einen Typus stellen Frauen dar von sanguinischem Temperamente mit rundem vollen Gesichte, entwickelten Formen, am meisten zu dieser Lebenszeit zu übermässiger Fettbildung disponirt. Zu der anderen Gruppe gehören die Frauen mit nervösem Temperamente, reizbarer Natur, von schlankem Körperbaue, mit scharf ausgeprägter Physiognomie, welche in der Zeit der Menopause in auffälliger Weise abzumagern beginnen.

Bei den Frauen mit Disposition zu übermässiger Fettbildung müssen solche Nahrungsmittel gewählt werden, welche vorzugsweise Proteinsubstanzen und nur wenig Respirationsmittel (Fett, Amylum, Zucker und andere Kohlenhydrate) enthalten. Man muss aus den Nahrungsmitteln die Vegetabilien wegen ihres Gehaltes an Fettbildnern und unter den Fleischspeisen alle fettreichen verbannen. Recht mageres Kalbfleisch oder Wildpret könnten nach Moleschott dadurch nützen, dass sie die Zufuhr von Fett zum Blute wenigstens in hohem Grade beschränken und indem ihre Nahrungsstoffe langsam oxydirt werden, auch den bereits vorhandenen Ueberfluss an Fett dem eingeathmeten Sauerstoffe zugänglicher machen.

Voit hat in neuester Zeit diese Erklärung als nicht richtig

bezeichnet. Er deutet vielmehr den unläugbaren Einfluss der animalischen Kost auf Fettverminderung in folgender Weise: Sehr fette Körper enthalten wenig Circulationseiweiss und da von diesem die Grösse der Sauerstoffaufnahme abhängt und Fett im Blute und in den Säften an sich diese verringert, nehmen sie wenig Eiweiss auf. Durch grosse Menge von Nahrungseiweiss ohne Fett (damit man das fortwährende Zulegen zu den Organen vermeide) vermehrt man das Circulationseiweiss, die Sauerstoffzufuhr, vermehrt die Zersetzung und bringt so die Bedingungen der Zerstörung des übermässig angehäuften Fettes hervor.

Für fettleibige klimakterische Frauen passt am besten ohngefähr folgender Küchenzettel:

Zum Frühstück sehr schwacher Kaffe oder Thee mit etwas Milch ohne Zucker, dazu Zwieback, der aber weder ganz frisch noch sehr fett sein soll, oder etwas trocken geröstetes Brod. Der Genuss von Kuchen oder Butter ist strenge zu meiden. Zweites Frühstück ist überflüssig.

Zum Mittagessen: Eine dünne Fleischbrühe ohne viel Zusatz von Graupen, Sago, Brod u. dgl., gekochtes oder gebratenes Fleisch, am besten weisses Fleisch (von Hühnern, Tauben, Kalbfleisch u. s. w.), leichtes Gemüse, recht viel, jedoch nicht zu süsses Compot. Wo die Verdauung gut ist, kann auch rohes Obst aller Art genossen werden.

Der Nachmittagskaffee ist zu meiden.

Als Abendessen passt Fleischbrühsuppe und etwas kaltes Fleisch oder gekochtes Obst und etwas Brod.

Als Getränke ist frisches, klares Wasser am empfehlenswerthesten, in heisser Jahreszeit Sodawasser oder Selterswasser, Limonade.

Bei den Frauen mit „nervösem Typus", welche im klimakterischen Alter mehr denn sonst abzumagern und in ihren Körperkräften herabzukommen beginnen, ist natürlich ein anderes diätetisches Regime von Wichtigkeit. Eine nahrhafte reizlose Kost ist nöthig, dabei aber Verbindung mit Stärkemehl- und zuckerhaltigen Nahrungsmitteln und strenge Enthaltung des Genusses von Säuren, Ruhe des Körpers und Geistes.

Für solche Frauen würden wir folgenden Küchenzettel vorschlagen: Des Morgens im Bette eine Tasse guter Chokolade mit Gebäcke. Zum zweiten Frühstück frische, gesottene oder gerührte

Eier. Zum Mittagessen: Suppe, Fleisch und Fisch nach Belieben, Mehl- und Reisspeisen, zum Dessert Gebäcke aus Stärkemehl, Eiern und Zucker. Zum Abendessen: Suppe und Fleisch. Als Getränk kann Bier gestattet werden.

Unter allen Umständen ist Frauen im klimakterischen Alter, sie mögen den ersten oder zweiten der bezeichneten Typen bieten, eine rationelle Regelung ihrer Lebensweise vorzuschreiben. Die Quantität der Speisen muss entsprechend den Verdauungskräften geregelt und besonders das Zuviel sorgfältig vermieden werden. Betreffs der Qualität müssen alle Nahrungsmittel verboten werden, welche geeignet sind, Stuhlverstopfung zu verursachen, daher müssen alle groben und unverdaulichen, viel Rückstände hinterlassenden Speisen vermieden werden, so besonders Hülsenfrüchte, grobe Mehlspeisen, harte, zähe Fleischarten, Kartoffeln, mehrere Fruchtarten, wie Mispeln, Kastanien. Ferner müssen alle sauren, fetten, reizenden Speisen, alle pikanten, gewürzhafte Stoffe, sowie aufregende geistige Getränke (schwere Weine, starker Kaffe und Thee) gemieden werden.

Am besten eignen sich leicht verdauliche Fleischspeisen mit nahrhafter leicht verdaulicher Pflanzenkost gemengt. Nahrungsstoffe, die viel flüssige Bestandtheile haben und darum die Darmsekretion auch anregen sind von Nutzen, so Trauben, Pflaumen, Aepfel, Kirschen, Compotte, gewisse Gemüse, besonders Wurzeln.

Der Genuss frischer reiner Luft, mässige Bewegung im Freien, Vermeiden jeder übermässigen geistigen Anstrengung und heftigen Gemüthsaufregung sind ebenso wichtige Momente. Unter die erregenden Einflüsse, welche im klimakterischen Alter möglichst zu vermeiden sind, müssen wir unbedingt auch die Ausübung des Coitus zählen, welchen wir bei der gewöhnlich in dieser Lebensperiode vorhandenen Hyperämie in den Sexualorganen für geradezu schädlich halten und darum auf das möglichst geringe Mass restringiren möchten. Allerdings und erklärlicher Weise besteht aber gerade bei Frauen des klimakterischen Alters grössere Neigung zu sexuellen Genüssen, die sich ja bekanntlich bis zur Erotomanie steigern kann.

Tritt an den Arzt die Frage heran, ob eine Frau im klimakterischen Alter heirathen darf, selbstredend einen jungen oder mindestens potenten Mann, so soll diese Frage aus Rücksicht für die Gesundheit der Frau entschieden verneint werden. Und solche

Fälle, wo Frauen im klimakterischen Alter junge Männer heirathen, sind nach den statistischen Ausweisen viel häufiger, als man a priori denken sollte (und zwar nicht blos in den civilisirten Ländern, wo die materiellen Verhältnisse der Frau massgebend sind. Bei den eingeborenen Stämmen Hollands ist es häufig, dass eine alte Frau von einem Trupp knabenhafter Anbeter umgeben wird). Eine längere Zeit nach dem Aufhören der Menses, wenn die Involution der Sexualorgane bereits vollständig vor sich gegangen ist, dann hat der sexuelle Umgang keine Gefahr mehr.

„Wenn die „Veränderung" des Weibes nach Aufhören der Menstruation zu Stande gekommen ist, sagt Tilt (Hygieine des weiblichen Geschlechtes), wenn die Constitution in der neuen Regel sich befestigt hat, so ist nachher kein Bedenken dagegen, dass ein Paar, welches der Freundschaft einen zärtlicheren Namen geben will, sich verheirathe, vorausgesetzt, dass beide Theile in gleichem Verhältnisse im Alter vorgeschritten seien; aber wenn eine frostige Decembernatur sich mit dem blühenden Mai verbindet, so ist dies in der Regel eben so bedenklich für Beider Gesundheit, wie für deren inneres Glück."

Sorgfältig haben sich Frauen im klimakterischen Alter vor allen Schädlichkeiten zu hüten, welche den menstrualen Blutfluss plötzlich zu unterdrücken im Stande wären, da eine solche plötzliche Cessation der Menses stets von Gefahr bringenden Consecutiverscheinungen begleitet ist. Solche Schädlichkeiten sind aber zur Zeit der Menstruation; Durchnässungen des Körpers, namentlich der Füsse, kalte Waschungen der Genitalien, das plötzliche Wechseln der erwärmten Leibwäsche mit einer neuen kalten oder noch feuchten Wäsche u. s. w.

Die besondere Wichtigkeit der Hautfunction gerade im klimakterischen Alter lässt es auch als dringendes diätetisches Gebot für solche Frauen erscheinen, eine derartige Kleidung zu wählen, welche genügenden Schutz vor Erkältungen bietet. Das Tragen fest schnürender oder beengender Kleidungsstücke ist um so schädlicher, als ohnedies Neigung zu Congestionen gegen die Unterleibsorgane besteht.

Ein wichtiges diätetisches Mittel für die Zeit der Menopause bilden lauwarme Bäder von 30—35° C. Sie bethätigen die gerade im klimakterischen Alter so wichtige Function der Haut, üben aber zugleich eine beruhigende Wirkung auf das Nervensystem und

mindern die allgemeine krankhafte Reizbarkeit. Eine Cautele ist
dabei nicht ausser Acht zu lassen. An den Tagen, wo die Menstruation sonst einzutreten pflegte, soll man auch, wenn diese gänzlich oder theilweise cessirte, nicht baden lassen, um nicht zu Hämorrhagien Veranlassung zu geben.

Ebenso wichtig wie die physische ist auch die psychische
Diät im klimakterischen Alter. Wenn wir bei Schilderung
der pathologischen Verhältnisse die Häufigkeit hervorgehoben haben, mit der psychische Störungen bei Frauen dieses Alters eintreten, so liegt schon darin ein Wink für praeservative psychische
Behandlung.

Es sind vorzugsweise zwei Momente, welche Gemüth und Geist
der Frauen umdüstern, sobald sie in das „gewisse Alter" treten.
Nämlich die Furcht vor der Gefährlichkeit der kritischen Zeit für
das Leben und Wohlbefinden (namentlich auch die Angst vor Entwickelung von Krebs) und andererseits das Bewusstsein, die Reize
des Weibes zu verlieren und durch Schönheit nicht mehr herrschen
zu können. Gegen die erstere Furcht vermag der Arzt zu wirken,
indem er der psychisch und moralisch Deprimirten den tröstlichen
Gedanken stets vor die Augen hält, dass ja in diesem Alter viele
Gefahren früherer Perioden, namentlich die Lebensgefährdung durch
Schwangerschaft und Wochenbett überwunden sind und dass, wie
dies auch die Erfahrung zeigt, Frauen, welche einmal das Climac-
terium glücklich überstanden haben, mehr Aussicht auf eine längere
Lebensdauer und begründete Hoffnung auf ungestörteres Wohlbefinden haben, als zu anderen Zeiten.

Als ein Mittel aber, um trübe Selbstquälereien der Frauen
über den Verlust physischer Liebesfähigkeit hintanzuhalten und sie
vor dem so häufigen Verfallen in religiöse Schwärmerei zu bewah-
ren, muss bezeichnet werden, dass die Frauen sich an öffentlichen
Wohlthätigkeitsvereinen und gemeinnützigen Unternehmungen betheiligen, dass sie eine Beschäftigung finden, welche Herz und
Gemüth bethätigt, dabei aber auch der — weiblichen Eitelkeit
Spielraum lässt. Die Mahnung Plato's an das weibliche Geschlecht,
um diese Lebenszeit sich der Literatur und geistigen Ausbildung
zu widmen, hat gewiss Berechtigung und es lässt sich gar nichts
dagegen einwenden, dass die Frau sobald sie ihren Beruf als Gat-
tin und Mutter erfüllt hat und für die weibliche Bestimmung un-
brauchbar geworden ist — Blaustrumpf wird.